LES
CYPRIPEDIÉES

TEXTE

GODEFROY-LEBEUF & N. E. BROWN

CHROMOLITHOGRAPHIES

AQUARELLES

DE Mlle JEANNE KOCH

1re LIVRAISON — Cypripedium Lowii, superbiens ;
Dayanum, purpuratum, Sallieri, ciliolare, caudatum.

FRANCE

GODEFROY-LEBEUF

ENGLAND

JAMES VEITCH AND SONS

KING'S ROAD

(Chelsea, LONDON)

IMPRIMERIE PAUL DUPONT
4, RUE DU BOULOI, PARIS

A LA GLOIRE

DE LA MAISON

J. Veitch and sons de Chelsea

LONDRES

Dédier à la maison VEITCH DE CHELSEA un ouvrage sur les CYPRIPEDIÉES, c'est chercher à acquitter une dette de reconnaissance pour toutes les joies que nous ont causées les introductions qu'ils ont faites et les hybrides qu'ils ont obtenus, dans ce beau genre.

A. GODEFROY-LEBEUF.

Argenteuil, le 15 Décembre 1888.

CYPRIPEDIÉES

PRÉFACE

Le but de cet ouvrage, comme le montre cette première livraison, est de donner une planche de chaque espèce de Cypripède, des principales variétés et des hybrides, accompagnée d'un texte en français et en anglais, contenant la description originale soit en latin, anglais ou autre langue, en même temps que les synonymies et références ayant quelque importance, suivi de la description détaillée, l'habitat, l'histoire et les notes sur la culture.

Si notre œuvre trouve auprès du public un accueil favorable, notre intention est de donner, quand l'ouvrage sera terminé, une étude détaillée sur la structure et l'histoire des Cypripèdes.

Mais il n'est pas hors de propos de déterminer le sens de quelques-uns des termes techniques que nous avons employés dans les descriptions. En ce qui concerne les feuilles, il n'a pas paru nécessaire de répéter, dans la description des espèces qui ont des feuilles coriaces, que la nervure centrale est creusée en dessus et dentée-aiguë, en dessous : ce caractère étant commun à toutes; mais on a tenu compte *du réseau superficiel de cellules transparentes.* Car si on fait une section peu épaisse à travers la feuille et

PREFACE

The object of this work, as will be seen from the first part now issued, is to give a plate of each species of Cypripedium, with the principal varieties and some of the hybrids; accompanied with text giving the original description, whether it be in Latin, English or other language, together with the synonymy and references to all the important notices of the plants; followed by a detailed description, habitats, history and notes on cultivation in English and in French.

And, should our work find favour with the Public, it is intended to give a detailed account of the structure and history of the Cypripediums, when the work is finished. But it may not be out of place, to point out the sense in which, a few of the technicalities in the descriptions are to be understood. With regard to the leaves, it has not been thought necessary to state in each description of those having coriaceous leaves, that the midrib is channelled above and acutely keeled beneath, as this character is common to them all ; but reference is made to a *superficial layer of transparent cells* in the description; if a thin section be made through the leaf and held up to the light, in many cases there will be seen immediately beneath

qu'on l'examine à la lumière, on verra dans la plupart des cas, immédiatement au-dessous de la pellicule de la surface supérieure, un réseau de cellules claires transparentes ; celles qui contiennent la matière colorante verte sont sur la face opposée de la feuille. Ces cellules transparentes varient en dimension suivant les différentes espèces, et chez quelques-unes sont totalement absentes.

Les sépales sont dénommés sépale *supérieur* et *inférieur*, car quoique le sépale inférieur soit composé des deux sépales latéraux réunis, ils sont si parfaitement soudés en un seul corps que nous en parlerons comme d'un organe unique pour la brièveté de la description.

Les *cils de la base*, dont il est question dans la description des pétales, concernent le groupe de poils que l'on rencontre habituellement à la base des pétales sur la face interne, mais ces organes sont parfois absents. La division du labelle en base et sabot, n'a pas besoin de description, les *auricules* sont les projections ressemblant à des oreilles, situées sur les côtés de l'orifice du sabot.

Souvent nous ne tenterons pas de donner une description exacte de la forme des labelle, staminode, etc., car il est fréquemment impossible de le faire clairement en quelques mots, mais pour suppléer à cette impossibilité nous donnerons des dessins analytiques des différentes parties qui permettront, nous l'espérons, de comprendre sans difficulté les descriptions. Les lignes pointées autour des figures analytiques, ont pour but de montrer les contours des parties de la fleur quand elles sont étalées.

the skin of the upper surface, a layer of clear transparent cells, those containing the green colouring matter of the leaf being at the under side of the leaf. The transparent layer varies in thickness in different species, and in some it is absent.

The sepals are merely denominated as *upper and lower* sepal, for although the lower sepal consists of the two lateral sepals combined, they are so perfectly united into one body, that for the sake of brevity they are spoken of as one organ. The *basal tuft* alluded to, in the descriptions of the petals, refers to the cluster of hairs usually to be found on the inside of the petals at their base, but is sometimes wanting. The division of the lip into *stalk or claw, and toe part* needs no explanation, the *auricles* are the earlike projections of the sides of the mouth of the toe part.

Frequently no attempt will be made to give an exact description of the form of the lip, staminode, etc., as it is often impossible to do so, in a clear manner in a few words, but in order to supply this deficiency accurate outlines of the various parts will be given, by which it is hoped that no difficulty will be experienced in understanding the descriptions. The dotted line around some of the analytical figures, is intended to shew the outline of that part of the flower when flattened out.

CYPRIPEDIUM CILIOLARE, Reichenbach fil.

C. ciliolare ; « Aff. Cypripedio superbienti, Rchb. f. (Veitchiano Hort.) : tepalis tis obtuse acutis brevioribus, pilis quaquaversis densissime ciliatis ; labelli ungue brevi ; aminodio latissimo, brevissimo ; extus dente utrinque inflexo brevissimo ; dentibus anticis scurissimis creniformibus. » Reichenbach fil. in *Gardeners' Chronicle*, 1882, vol. XVIII, 488 ; et 1883, vol. XX, p. 46.

gique Horticole, 1883, vol. XXXIII, p. 352; *Florist and Pomologist*, 1884, p. 158; *Illustration Horticole*, 1884, vol. 31, p. 127, pl. 530.

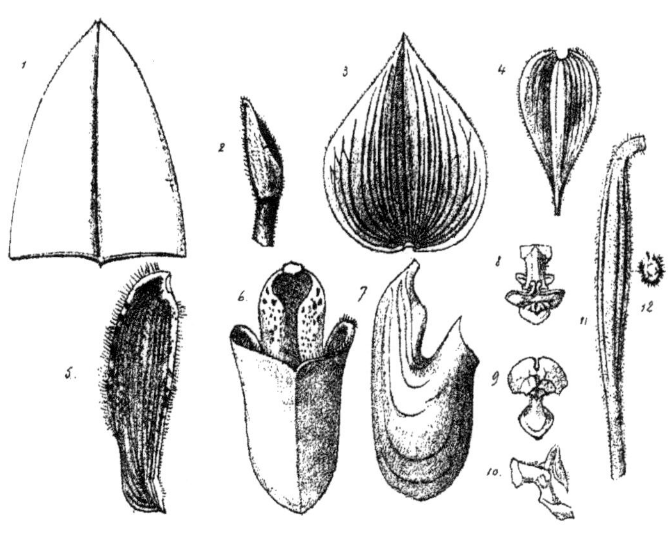

EXPLICATION DES FIGURES ANALYTIQUES
1, Extrémité de la feuille avec section. — 2, Bractée. — 3, Sépale supérieur. — 4, Sépale inférieur. — 5, Pétale. — 6 et 7, Labelle vu de face et de côté. — 8, 9 et 10, Colonne, staminode, etc., trois points de vue. — 11, Ovaire. — , Section de l'ovaire, tous les organes de grandeur naturelle.

EXPLANATION OF THE ANALYSES
1, Apex of leaf with section. — 2, Bract. — 3, Upper sepal. — 4, Lower sepal. — 5, Petal. — 6 et 7, Front and side of the lip. — 8, 9, 10, Three views of column, staminode, etc., — 11, Ovary. — 12, Section of ovary, all natural size.

Feuilles étalées, chaque tige en portant six, lonues de 0ᵐ,12 à 0ᵐ,15 et larges de 0ᵐ,030 à 0ᵐ,045, onguées oblongues, obtuses et garnies à leur extréité de deux ou trois fines dents; à bords raboteux

Leaves spreading, six to a shoot, 5 to 6 in. long, 1 1/4-1 3/4 in. broad, elongate-oblong, obtuse with 2 to 3 small teeth at the apex, the margins scabrous, light greyish green, veined and marbled with dark green

et d'un vert grisâtre pâle, veinées et marbrées à leur surface supérieure de vert foncé, d'un vert pâle en dessous, de texture coriace, montrant une section transversale composée d'une couche superficielle de cellules transparentes d'une épaisseur égale à la moitié de la feuille.

Pédoncule variant en longueur de 0ᵐ,15 à 0ᵐ,30, de couleur brun pourpré foncé, poilu et uniflore.

Bractée longue de 0ᵐ,020 à 0ᵐ,025, brusquement contournée à sa base, carénée sur le derrière d'une manière aiguë, d'un brun pourpré verdâtre, couverte de poils courts, à carène et à bords ciliés ou garnis de poils également brun pourprés.

Ovaire (y compris le pédicelle) long de 0ᵐ,050 à 0ᵐ,065, à côtes très prononcées, pourpré, couvert de poils courts de couleur brun pourpré foncé, unicellulaire.

Sépale dorsal long de 0ᵐ,04 à 0ᵐ,06 et large de 0ᵐ,030 à 0ᵐ,045, largement ové aigu, légèrement concave, surface externe pubescente, bords fortement ciliés garnis de poils courts, pourpre foncé; surface interne glabre, à l'exception de sa base où se trouvent quelques poils très fins, et marquée de veines nombreuses; la moitié de sa surface interne à partir de sa base est pourpre, passant au vert et de là à une teinte blanchâtre vers son sommet, et à bords blanchâtres; la surface externe est d'un pourpre clair avec une auréole vert clair.

Sépale inférieur de 0ᵐ,030 à 0ᵐ,040 de long sur environ 0ᵐ,020 de large, ové ou ové-lancéolé aigu, avec une petite entaille à son sommet, concave et pourvu d'une cannelure centrale peu profonde, de deux carènes, et pubescent, sa surface externe recouverte, ainsi que ses bords ciliés, de poils courts, pourpre foncé; surface interne glabre, de couleur verdâtre pâle des deux côtés.

Pétales étalés et défléchis, longs de 0ᵐ,050 à 0ᵐ,065, et de 0ᵐ,015 à 0ᵐ,020 de large, élongués-oblongs, obtus, quelque peu falciformes, surface externe apparemment glabre quoique pourvue à sa base de quelques poils pourpre noirâtre, et microscopiquement pubéruleuse le long des nervures, pourpre, avec une auréole centrale pâle et plus ou moins lavée d'une teinte olive à sa base; la surface interne est pourpre, ombrée d'olive au-dessus de la ligne médiane à la base et fortement marquée sur environ les deux tiers de son étendue de petites macules rondes, noirâtres, celles qui se trouvent situées sur le bord supérieur ayant une apparence verruqueuse; on remarque en outre sur la partie centrale des poils très fins de couleur pourpre noirâtre, et à la base une petite touffe de poils de même couleur mais beaucoup plus longs; les bords sont fortement ciliés et couverts de longs poils pourpre noirâtre.

Labelle long d'environ 0ᵐ,056 sur une largeur de 0ᵐ,030 aux auricules; les ailes réfléchies, glabres, convexes de son onglet sont d'une couleur jaunâtre, et ont une apparence verruqueuse produite par la présence de macules d'un pourpre foncé, le reste du labelle est pubéruleux à l'extérieur, légèrement cilié

above, pale green beneath, coriaceous, with a superficial layer of transparent cells in transverse section, about half the thickness of the leaf.

Peduncle 6 to 12 in. long, dark purple-brown hairy, one-flowered.

Bract 3/4 to 1 in. long, shortly convolute at the base acutely keeled down the back, dull greenish or purplish brown, shortly hairy, and ciliate on the keel and edge with purple-brown hairs.

Ovary (including the pedicel) 2 1/2 in. long prominently ribbed, purplish, shortly hairy with dark purple-brown hairs, one-celled.

Upper sepal 1 1/2 to 1 3/4 in. broad, very broadly ovate-acute, slightly concave, pubescent on the back and densely ciliate on the margin with short black-purple hairs, glabrous on the face except a very few, scattered minute hairs on the basal part, many-nerved; the face is purple on the basal half, passing into green and then into whitish towards the apex, and with whitish borders the back is pale purple with the central area light green.

Lower sepal 1 1/4 to 1 1/2 in. long, about 3/4 in. broad, ovate, or ovate-lanceolate, acute with a small notch at the apex, concave with a flattish central channel, two-keeled and pubescent with short, black purple hairs on the back, and ciliate with similar hairs inside glabrous, pale greenish on both sides.

Petals spreading and deflexed 2 to 2 1/2 in. long 6 to 8 lines broad, elongate-oblong obtuse, very slightly falcate; the back is glabrous to the eye, but with a few blackish purple hairs at the base and microscopically puberulous along the nerves, purple, with the central area pallid, and more or less shaded with olive at the base; the face is purple, shaded with olive above the middle line at the base, and thickly marked for about two-thirds the way up with small, round, blackish spots those on the upper edge being wartlike, there are some minute blackish-purple hairs along the centre at the middle, and a basal tuft of a few long dark purple hairs both margins are densely ciliate with long blackish-purple hairs.

Lip about 2 in. long and 1 1/4 in. across the auricles, the claw has broad, convex, glabrous, inflexed sides, of a yellowish colour with wartlike dark purple spots, the rest of the lip is puberulous outside, shortly ciliate around the mouth, dull purple, fading into pale dull greenish underneath; inside pubescent

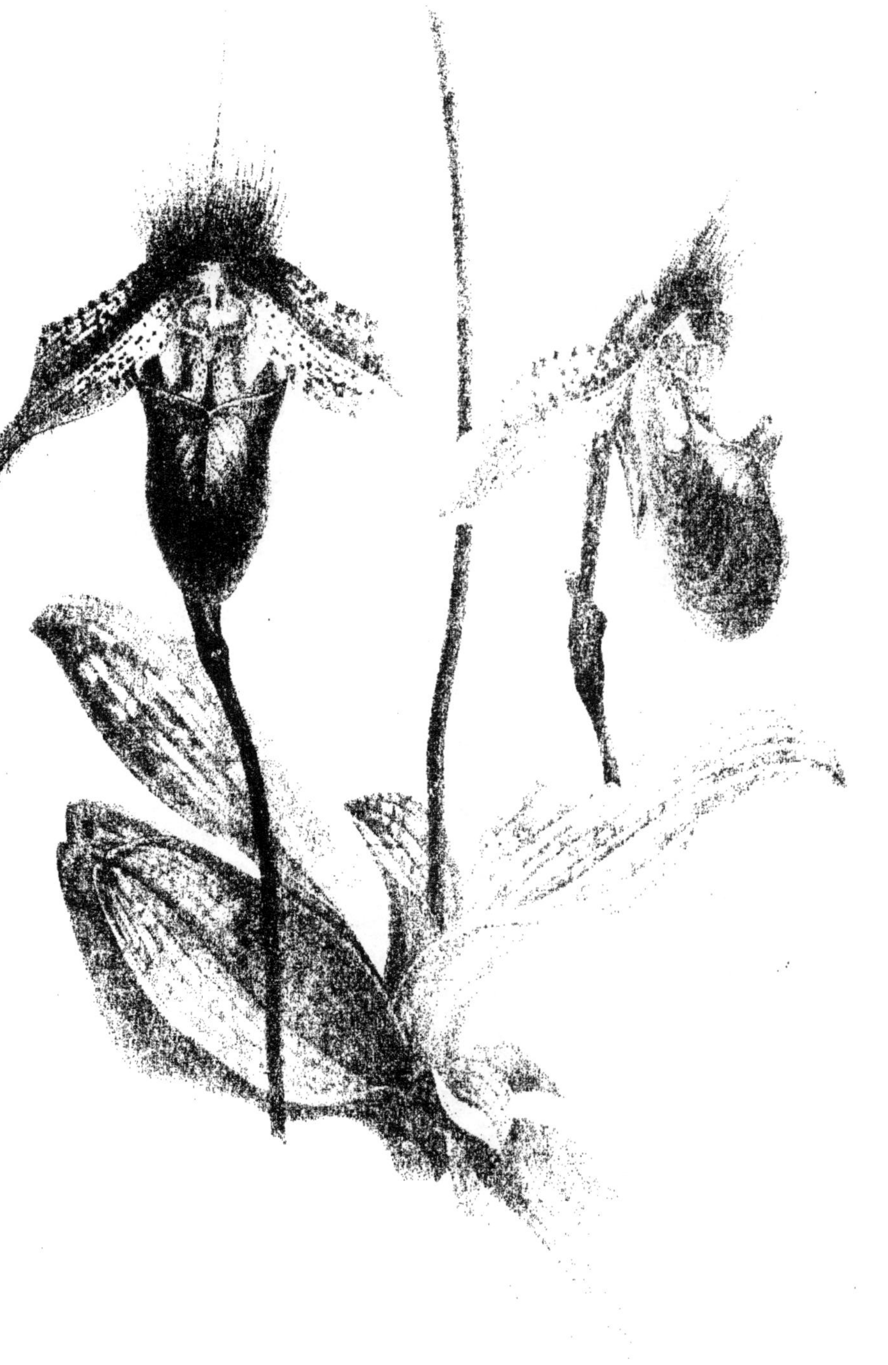

CYPRIPEDIUM CILIOLARÉ. RCHB. F.

autour de l'orifice, d'un ton pourpre terne se fondant
en une couleur verdâtre sombre en dessous ; partie
interne pubescente dans son auréole centrale, à base
blanchâtre et copieusement maculée de pourpre, la
surface interne de l'extrémité du sabot est entière-
ment pourpre.

Colonne pâle, verdâtre, pubescente.

Staminode brusquement défléchi, transversal,
quelque peu en forme de croissant, avec une entaille
étroite à sa base et garnie sur son devant de 3 à 5
très petites dents, pubescent en dessus comme en
dessous, d'un pourpre pâle, veiné de vert, sur le
devant, les dents sont également de couleur vert
foncé.

Étamine arrondie à son extrémité ; connectif de
l'anthère ne dépassant pas les cellules ; pollen de
couleur miel.

Stigma arrondi, légèrement pubescent en dessus,
surface stigmatique glabre.

ORIGINAIRE DES ILES PHILIPPINES

Cette superbe espèce est assez voisine du *C. superbiens*
mais elle s'en distingue facilement par ses pétales bien plus
fortement ciliés, qui ne sont pas maculés jusqu'à leur extrémité, par l'onglet plus court de son labelle, et par son staminode de forme différente. Le feuillage est également distinct
par sa texture beaucoup plus coriace, son port plus raide,
sa couleur beaucoup plus foncée et l'apparence vernie qui
lui est particulière.

Le *C. ciliolare*, qui fut introduit des îles Philippines par
MM. H. Low et C°, en 1882, doit être rangé au nombre des
espèces les plus décoratives de sa section.

Culture. — Le *C. ciliolare* est une espèce qui appartient
au groupe des Cypripèdes réclamant essentiellement la
serre chaude durant toute l'année. C'est une plante vigoureuse, trapue, totalement distincte, et de culture facile.
Comme pour la plupart de ses congénères, un mélange en
parties égales de terre de bruyère fibreuse, de sphagnum, et
de tessons et charbon de bois concassé forme le compost
qui plaît le mieux à ses racines charnues, qu'il est indispensable de tenir constamment humides. Quoique cette
magnifique espèce craigne moins le soleil que sa proche
voisine, le *C. superbiens* (*C. Veitchii*), il est néanmoins
préférable de lui consacrer une place ombragée. Elle est très
floribonde, et ses fleurs, de longue durée, qui s'épanouissent
pendant l'été sont extrêmement variables soit comme dimensions, coloris, longueur de pédoncule, etc. La plante figurée,
qui peut, avec raison, être considérée comme une excellente
forme et qui n'est nullement flattée, fait partie de la collection de M. A. Bleu, à Paris, où elle a été peinte spécialement
pour cet ouvrage.

down the central area, the basal part whitish and
densely spotted with purple, the toe part is entirely
purple inside.

Column pale, greenish, pubescent.

Staminode abruptly deflexed, transverse, somewhat halfmoon shaped, with a narrow, basal notch,
and very shortly 3-5 toothed in front, pubescent
above and beneath, pale purplish with dark green
venation in front, the teeth also dark green.

Stamen rounded at the apex ; anther with the
connective not produced beyond the cells ; pollen
honey coloured.

Stigma roundish, sparsely pubescent above, the
stigmatic surface glabrous.

PHILIPPINE ISLANDS

This fine and handsome species is nearly allied to *C. superbiens*, but is readily distinguished from that, by the petals
not being spotted to the apex and more densely ciliate, by
the claw of the lip being shorter, and the staminode different
in form. The foliage is equally distinct ; its texture is much
more coriaceous, its habit is stiffer, it is always of a deeper
colour, and possesses a varnished appearance which is
peculiar to it.

C. ciliolare, was introduced by Messrs. Hugh Low
and C°, in 1882, from the Philippines, and as a decorative
plant must be ranked among the better of the group of species to which it belongs.

Cultural notes. — *C. ciliolare* is a species belonging
to the group of Cypripediums requiring stove treatment
all the year round. It is a vigorous plant, of compact habit,
exceedingly distinct, and easily cultivated. As is the case
with most other species, a mixture of equal parts of fibrous
peat, sphagnum, and coarsely broken crocks and charcoal
is that which best suits its fleshy roots, which on no account
should be allowed to get dry at any time of the year.
Although this really handsome species is less liable to
injury from exposure to the direct action of the sun's rays than
its congener *C. superbiens* (*C. Veitchii*), it is advisable
to keep it in a shaded place. It is very floriferous, and its
blossoms, which are very lasting, and open during the
summer, are very variable as regards size, colour, and
length of peduncle. The plant figured, which may be considered an excellent form, and free from exaggeration, is from
Mr. A. Bleu's collection, Paris, where it was drawn especially
for this work.

CYPRIPEDIUM SALLIERI, Godefroy-Lebeuf.

C. Sallieri, Godefroy-Lebeuf *(hybridum inter C. insignem et C. villosum).* — Foliis 12-17 pol.-longis, circa 1 1/4 pol.-latis, ligulatis, acutis, apice minutetridentatis viridibus; pedunculo piloso, unifloro; bractea spathacea, compressa, carinata, basi tubulosa, quam ovario molliter pilloso paulo breviori; sepalo summo elliptico obtuso; sepalo inferiori subæquali angustiori, oblongo-ovato obtuso; petalis oblanceolatis obtusis, ciliolatis, margine superiori undulato, inferiori revoluto; labelli sacco oblongo, obtuso, auriculis retrorsis; staminodio subhorizontali, oblongo-obvato, subtruncato, pubescenti, disco tuberculo lateraliter compresso oblongo nitente, medio instructo.

Revue Horticole, 1883, p. 476.
Orchidophile, 1887, p. 33.
Lindenia, vol. II, p. 75, pl. 84.
C. Sellierianum, Hort.

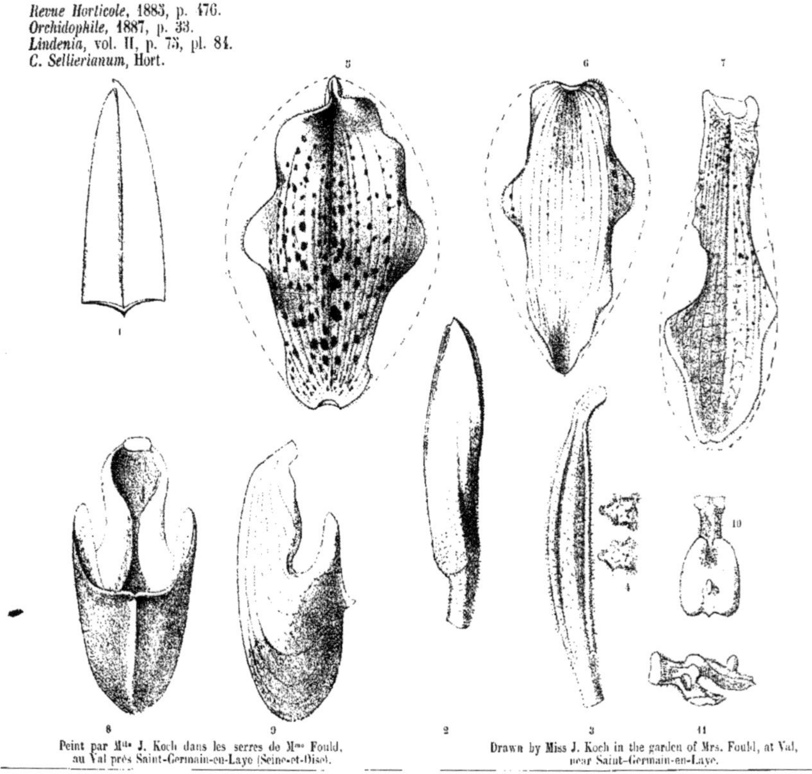

Peint par Mlle J. Koch dans les serres de Mme Fould, au Val près Saint-Germain-en-Laye (Seine-et-Oise).

Drawn by Miss J. Koch in the garden of Mrs. Fould, at Val, near Saint-Germain-en-Laye.

Feuilles quelque peu érigées, longues de 0^m,30 à 0^m,45, ligulées, aiguës et inégalement tridentées à leur extrémité, de couleur vert foncé uniforme en dessus,

Leaves ascending, 12 to 18 in. long, 1 1/8 to 1 3 8 in. broad, strap-shaped, acute and unequally three-toothed at the apex, uniform bright dark green above,

d'un vert clair en dessous, coriaces et montrant une couche superficielle très mince de cellules transparentes en section transversale.

Pédoncule long de 0ᵐ,15 à 0ᵐ,20, robuste, légèrement comprimé, vert, couvert de poils brun pourpré, courts, uniflore.

Bractée longue de 0ᵐ,045 à 0ᵐ,058, comprimée, tubulaire à la base, ses bords étant réunis vers le quart ou la moitié de sa longueur, à carènes aiguës sur sa surface externe, légèrement bifide à son extrémité, glabre, vert clair, pointillée de brun pourpré à sa base.

Ovaire long de 0ᵐ,050 à 0ᵐ,065, triangulaire, à côtes saillantes, vert, couvert de poils courts, de couleur brun pourpré, unicellulaire.

Sépal dorsal long de 0ᵐ,060 à 0ᵐ,065 sur une largeur d'environ 0ᵐ,050 de forme elliptique obtuse, à nervures nombreuses, bords réfléchis, ondulés, son sommet penché en avant, fortement cannelé sur sa surface interne qui est luisante et glabre, a l'exception de quelques poils courts, de couleur pourpre qui se trouvent à la base et sur la partie apicale qui est blanche et puberuleuse ; caréné et pubescent sur sa surface externe, finement cilié; les deux côtés d'un vert jaunâtre clair, fortement marginé de blanc sur la moitié apicale, sa surface interne marquée sur toute son auréole vert jaunâtre, de macules brun pourpré.

Sépale inférieur long de 0ᵐ,050 à 0ᵐ,065 et large de 0ᵐ,025 à 0ᵐ,040, ové ou oblong ové, obtus, à nombreuses nervures, plat, à bords réfléchis et ondulés, pubescent sur sa surface externe, glabre sur sa surface interne, à l'exception de quelques poils brun pourpré qui se trouvent à sa base, d'un jaune verdâtre pâle des deux côtés, plus ou moins maculé de brun pourpré sur sa surface interne vers la base.

Pétales étalés, et dirigés en avant, longs de 0ᵐ,065 à 0ᵐ,075 sur une largeur d'environ 0ᵐ,028, élargis vers leur extrémité, oblancéolés obtus, droits, à bords ondulés et très finement ciliés tout autour, recourbés vers le milieu et au delà du milieu du bord supérieur et sur la moitié basilaire du bord inférieur ; leur surface externe est glabre et luisante, d'une légère teinte de rouille sur la moitié supérieure de la ligne médiane, la moitié inférieure est d'un vert jaunâtre clair et finement pubescente; leur surface interne est luisante et glabre à l'exception d'une petite touffe de poils qui se trouvent disposés sur les deux côtés de la ligne médiane d'un pourpre foncé ; la moitié qui se trouve au dessus de cette ligne est d'une couleur de rouille vive, maculée de brun pourpré à sa base, et à bord jaune d'ocre, la moitié inférieure est d'un vert jaunâtre pâle, légèrement maculé de brun pourpré jusqu'au delà du milieu, toutes les nervures plus foncées et montrant une veination croisée.

Labolle long de 0ᵐ,050 à 0ᵐ,065 et large de 0ᵐ,030 aux auricules, surface externe luisante et glabre, onglet muni d'ailes larges et plates recourbées en dedans, de couleur ocre pâle et dépourvues de macules ou de tubercules, la pointe du sabot d'une couleur de rouille sur le devant, pâle en dessous, les bords de son orifice recourbés en dehors, de couleur ocre ; intérieur pâle et garni à sa base de longs poils pourpres, et pubescent, avec des poils plus courts recouvrant l'auréole médiane

light green beneath, coriaceous, with a very thin superficial layer of transparent cells in transverse section.

Pedunole 6 to 8 in. long, stout, a little compressed, green, clothed with short purple-brown hairs, one flowered.

Bracts 1 3/4 to 2 1/4 in. long, compressed, tubular at the base, the edges being united 1/4 to 1/2 way up, acutely keeled on the back, shortly bifid at the apex, glabrous, light green, speckled with purple-brown at the base.

Ovary 2 to 2 1/2 in. long, triangular, ribbed, green, clothed with short purple-brown hairs, one-celled.

Upper sepal 2 1/4 to 2 1/2 in. long. 1 3/4 to 2 in. broad, elliptic obtuse, many nerved, sides reflexed, wavy, the apex arching forward, deeply channelled down the face, which is shining and glabrous, except a few short purple hairs at the base and on the white apical portion, which is puberulous; keeled and pubescent on the back, minutely ciliate; both sides light yellow-green, broadly bordered with white on the apical half, the face marked all over the yellow-green area with roundish purple-brown spots.

Lower sepal 2 to 2 1/2 in. long, 1 to 1 1/2 in. broad, ovate or oblong-ovate, obtuse, many nerved, flattish with reflexed wavy sides, pubescent on the back, glabrous on the face except a few purple-brown hairs at the base, pale yellowish green on both sides, more or less dotted on the face towards the base with purple-brown.

Petals spreading and directed forward, 2 1/2 to 3 in. long, 1 to 1 1/8 in. broad towards the apex, oblanceolate obtuse, straight, the margins wavy and very shortly ciliate all round, recurved at or beyond the middle of the upper border and on the basal half of the lower border ; the back glabrous and shining, of a light rust-colour along the half above the midline, light yellowish green and minutely pubescent along the lower half; the face is shining and glabrous except the sparse basal tuft of purple hairs which are on both sides of the dark purple midline, the half above the midline is bright rust-colour, spotted at the base with purple brown and with an ochreous edge, the half below is pale yellowish-green, sparsely spotted with purple brown to beyond the middle, all the nerves darker with a distinct cross venation.

Lip 2 to 2 1/4 in. long, 1 1/4 in. broad across the auricles ; outside glabrous and shining, the claw with broad flattish inflexed sides, pale ochreous without spots or tubercles, the toe part light rust-colour in front, pallid beneath, the edge of the mouth curved outwards, ochreous; inside pallid and clothed with long purple hairs at the base and pubescent with shorter hairs down the middle area, inside of the toe part stained with light purple.

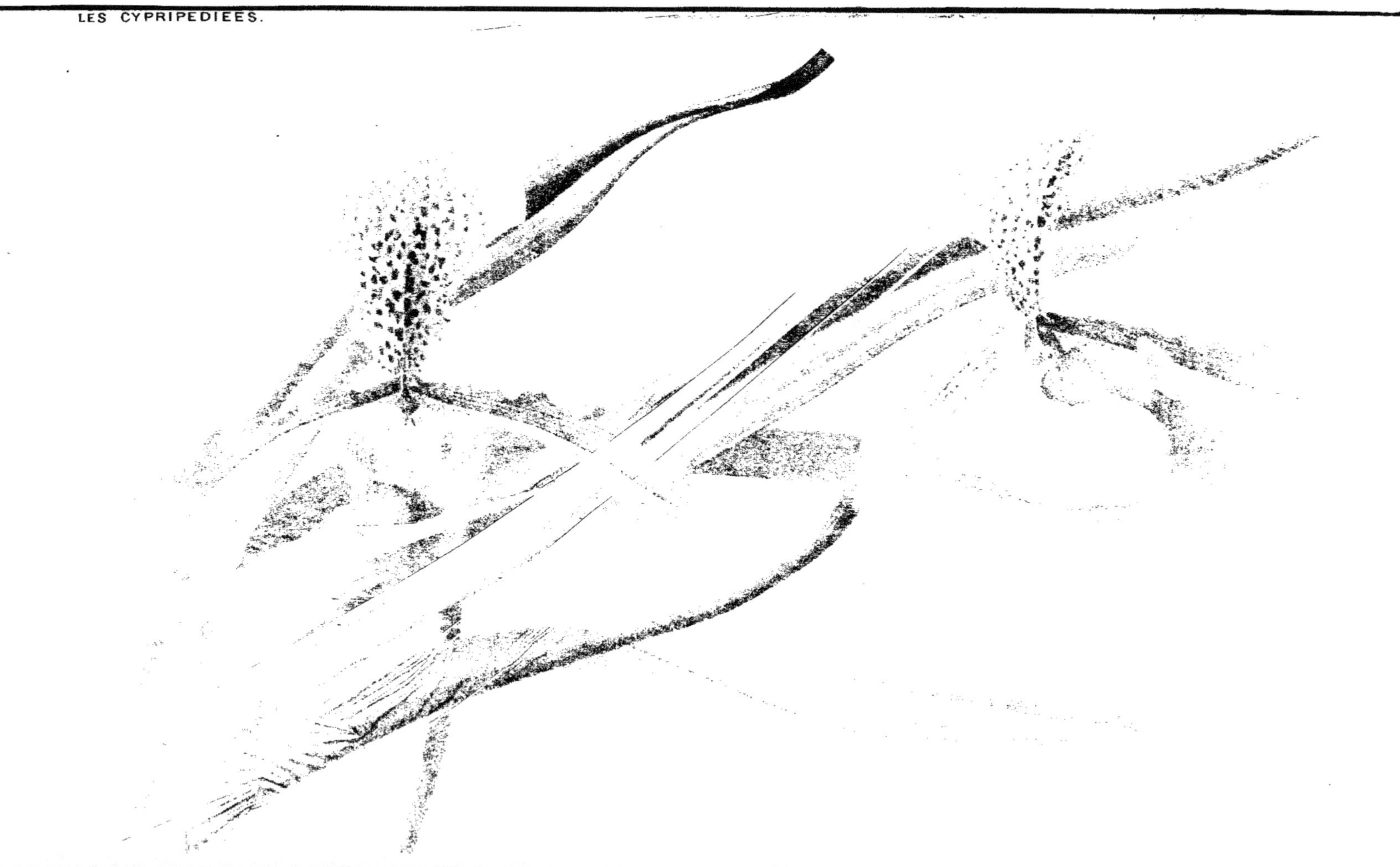

CYPRIPEDIUM SALLIERI. GOD. LEB.

sque vers son milieu, partie interne de la pointe du
bot lavée de pourpre clair.

Colonne robuste, ocre, et couverte de poils pour-
es.

Staminode presque horizontal, large, oblong,
cordé, muni d'une petite dent apiculaire, presque plat,
ayant sur le disque un tubercule large et comprimé, ocre
le, rugueux luisant et rendu pubescent par des poils
urpres, à l'exception du tubercule qui est glabre.

Étamine obtuse, arrondie à son extrémité, sa con-
xion avec l'anthère ne dépassant pas les cellules.

Stigma elliptique, glabre.

Hybride entre *C. insigne* et *C. villosum*.

Cette variété hybride est une obtention de M. Sallier,
rdinier-chef de Mme Fould, Château du Val près Saint-
ermain-en-Laye, et le résultat supposé d'un croisement
éré entre les *C. insigne* et *C. villosum*. Elle est in-
rmédiaire, comme caractères généraux, entre ces deux
pèces, son sépale dorsal étant semblable à celui des
eilleures formes de *C. insigne*, le sépale inférieur ne
ssemble à celui d'aucun des deux parents, et le reste de
fleur a beaucoup plus de rapport avec le *C. villosum*
'avec le *C. insigne*, quoique l'influence de ce dernier
mme parent soit visible.

La même variété hybride a été obtenue aussi par
. Bowring, de Forest Farm, par le croisement du *C. vil-
sum* avec le *C. insigne* et se trouve figurée dans la
indenia, mais si la planche dans cette publication est
rrecte, les feuilles sont moins longues et les pétales plus
pieusement maculés que dans la forme typique; il serait
nc bien de distinguer la plante de la *Lindenia* sous le
m de *C. Sallieri*, variété de Bowring.

Culture. — Comme les parents dont il est issu, le
. *Sallieri* ne réclame qu'une température moyenne, et
cultive facilement dans une serre chaude ordinaire. Sa
nstitution, quoique aussi robuste que celle du *C. villo-
m*, est tout aussi rustique que celle du *C. insigne*.
omme cette espèce, il se trouve bien d'être exposé à
action de la lumière vive dont l'influence a pour résultat
en favoriser la floraison. Il demande des arrosages fré-
uents et copieux et une humidité constante aux racines.
e mélange en parties égales de terre de bruyère, de spha-
num et de charbon de bois concassé, recommandé pour la
upart des autres Cypripèdes est aussi celui qui convient le
ieux à la culture du *C. Sallieri*, dont les fleurs, comme
elles de ses deux parents, s'épanouissent de Décembre à
ars.

Column stout, ochreous, pubescent with purple
hairs.

Staminode nearly horizontal, large, oblong-
obcordate, with a short apical tooth, nearly flat, with
a large compressed tubercle on the disk, pale ochreous,
rugose and glistening, and pubescent with purple
hairs, except the tubercle which is glabrous.

Stamen obtusely rounded at the apex: connective of anther not produced beyond the cells.

Stigma elliptic, glabrous.

A hybrid between *C. insigne* and *C. villosum*.

This hybrid was obtained by Mr. Sallier from a cross
between *C. insigne* et *C. villosum*. In character it is
intermediate between the two, the upper sepal being
similar to that of some of the better forms of *C. insigne*,
the lower sepal is not like that of either parent, and the
rest of the flower bears more resemblance to that of
C. villosum than it does to *C. insigne*, although the
influence of the latter is traceable.

The same hybrid has been independently obtained by
Mr. Bowring, of Forest Farm, from a cross between *C. villosum* and *C. insigne*, and is figured in *Lindenia* as
above quoted, though, if that figure is correct, the leaves
are shorter and the petals more spotted than in the typical
form; I would therefore propose to distinguish the *Lindenia* plant as *C. Sallieri*, Bowring's variety.

Cultural notes. — As is the case with the parents
from which it is derived, *C. Sallieri* only requires a
medium temperature, and is easily grown in an ordinary
warm house. Its constitution is as robust as that of *C. villosum*, and as hardy as that of *C. insigne*. Like that species,
it prefers a strong light, under the influence of which its
flowering qualities are developed to perfection, it requires
frequent and copious waterings, and constant moisture at
the roots. The compost in equal parts of fibrous peat,
sphagnum, and roughly broken charcoal, which is recom-
mended for most of the other species, is also considered the
best for the cultivation of *C. Sallieri*, whose flowers, like
those of both parents are produced from December to March.

CYPRIPEDIUM PURPURATUM, Lindley.

« **C. purpuratum** ; foliis oblongis, acutis, striatis, maculatis, basi equitantibus, scapo phyllo pubescente, sepalo dorsali, acuminato, ciliato, margine revoluto, petalis oblongis, ubundulatis, pubescentibus, stamine sterili lunato. » Lindley, *Botanical Register*, Septem- er 1" 1837 t. 1991.

Lindley, *Genera and Species of Orchidaceous Plants,* p. 530; Hartinger, *Paradisus vindobonensis,* fasc. 1 ; *Flore des Serres,* 1856, vol. XI, p. 173, t. 1158; *Wochenschrift,* 858, fasc. 1, p. 171 ; *Botanical Magazine,* t. 4901 ; *Revue Horticole,* 1883, p. 353, sc. 63, and p. 354.

C. sinicum, Hance « *Pl. nov. austro-chin. ined,* fasc. 2, p. 1 » Walpers, *Annales,* vol. p. 602; Lemaire, *L'Illustration Horticole,* 1857, vol. IV, Miscellanées, p. 23.

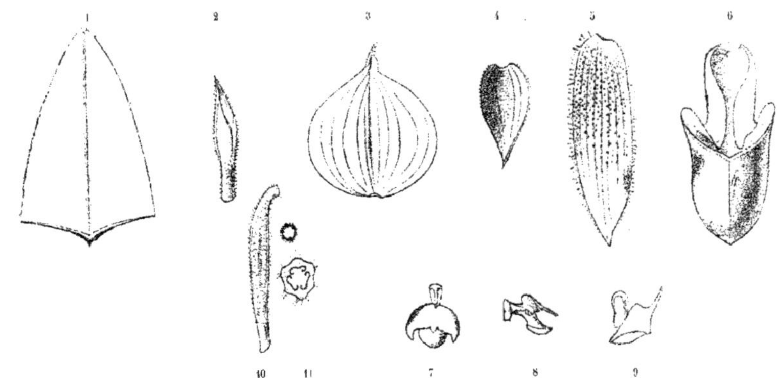

EXPLICATION DES FIGURES ANALYTIQUES

Extrémité de feuille avec section. — 2. Bractée. — 3. Sépale supérieur. — Sépale inférieur. — 5, Pétale. — 6, Labelle. — 7 et 8, Colonne, staminode, vues de face et de côté. — 9, Ltamine grossie. — 10 et 11, Ovaire avec tion.

EXPLANATION OF THE ANALYSES

1, Apex of leaf with section. — 2, Bract. — 3, Upper sepal. — 4, Lower sepal. — 5, Petal. — 6, Lip. — 7 and 8, Column, staminode, etc., front and side views. — 9, Stamen magnified. — 10 and 11, Ovary with section.

Feuilles étalées, disposées de 5 à 8 sur chaque e, variant en longueur de 0^m,06 à 0^m,15 sur une rgeur de 0^m,025 à 0^m,045, de forme oblongue ou liptique oblongue, quelque peu aiguës, bidentées ou dentées à leur extrémité, d'un vert clair veiné et maculé vert plus foncé, d'une nature coriace et montrant une uche épaisse de cellules superficielles transparentes sposées en section transversale.

Leaves spreading, 5 to 8 to a shoot, 2 1/2 to 6 in. long, 1 to 1 3/4 in. broad oblong or elliptic-oblong, somewhat acute and 2 to 3 toothed at the apex, light green, veined and tessellated with dark green, coriaceous with a thick superficial layer of transparent cells in transverse section.

Pédoncule long de 0ᵐ,10 à 0ᵐ,15, brun pourpré, poilu et uniflore.

Bractée longue de 0ᵐ,018 à 0ᵐ,025 brusquement convolue à sa base carénée d'une manière aiguë sur sa surface externe, pubescente et ciliée sur les bords et sur la carène.

Ovaire (y compris le pédicelle) long de 0ᵐ,032 à 0ᵐ,045, à côtes peu prononcées, couvert de poils courts, d'un vert pourpré à côtes plus foncées, unicellulaire.

Sépale dorsal long de 0ᵐ,032 à 0ᵐ,040 et large de 0ᵐ,032 à 0ᵐ,045, elliptique transversalement, cuspidé-aigu, les côtés fortement réfléchis sur la moitié basilaire portant environ 13 nervures à surface externe pubescente et surface interne glabre, blanc veiné de brun des deux côtés ; les nervures centrales alternées sont vertes, et toutes les nervures centrales passent au vert sur sa surface externe.

Sépale inférieur long de 0ᵐ,032 et large seulement de 0ᵐ,012 à 0ᵐ,016, convolu acuminé à son extrémité, fortement concave, pubescent en dehors, glabre en dedans, d'un vert pâle orné de nervures plus foncées.

Pétales mesurant de 0ᵐ,040 à 0ᵐ,050 de long sur 0ᵐ,012 à 0ᵐ,018 de largeur, élongués-oblongs, subaigus, légèrement ondulés, glabres et pourpres sur leur surface interne comme sur leur surface externe, ornés de nervures plus foncées et marqués sur leur surface interne et jusqu'un peu au delà de leur milieu de macules tuberculaires petites, nombreuses et de couleur brun foncé, leurs deux bords sont garnis jusqu'aux extrémités de poils pourprés.

Labelle long de 0ᵐ,045 et mesurant 0ᵐ,032 de diamètre aux auricules ; onglet muni d'ailes convexes, recourbées en dedans, d'une couleur pourpre clair maculé de brun pourpré ; la pointe du sabot, d'un pourpre terne, est légèrement pubéruleuse en dehors.

Colonne grêle, pubescente.

Staminode légèrement défléchi, en demi-cercle, montrant sur le derrière une encoche, et trois petites dents centrales sur le devant, pourpre pâle veiné de vert.

Étamine se terminant en une pointe grêle au sommet, son anthère connective ne dépassant pas les cellules.

Stigma orbiculaire, glabre.

Peduncle 4 to 6 in. long, purple-brown, hairy, one-flowered.

Bract 3/4 to 1 in long, shortly convolute at the base, acutely keeled down the back, pubescent, and ciliate on the edges and keel.

Ovary including the pedicel, 1 1/4 to 1 3/4 in. long, not very prominently ribbed, shortly hairy purplish-green, the ribs darker, one-celled.

Upper sepal 1 1/4 to 1 1/2 in. long, 1 1/4 to 1 3/4 in. broad, transversely elliptic, shortly cuspidate-acute, the sides strongly reflexed on the basal half, about 13-nerved, pubescent on the back, glabrous on the face, white with brown nerves on both sides, the alternate central nerves green on the face, and all the central nerves passing into green on the back.

Lower sepal 1 to 1 1/4 in. long, 6 to 8 lines broad, ovate, convolute acuminate at apex, deeply concave, pubescent outside, glabrous inside, pale greenish with darker nerves.

Petals 1 1/2 to 2 in. long, 1/2 to 3/4 in. broad, elongate-oblong, subacute, slightly wavy, glabrous and purple on both sides, with darker nerves, and marked on the face to a little beyond the middle with numerous, small, dark brown, tubercular spots, both margins ciliate to the apex with purple hairs.

Lip 1 3/4 to 2 in. long, 1 to 1 1/4 in. across the auricles; the claw with convex inflexed sides, light purple dotted with purple-brown, the toe part minutely puberulous outside, dull purple.

Column rather slender, pubescent.

Staminode slightly deflexed, lunate, notched behind, and with a small central tooth in front, pale purplish with green venation.

Stamen produced into a slender point at the apex : connective of anther not produced beyond the cells.

Stigma orbicular, glabrous.

ORIGINAIRE DE HONG-KONG

Culture. — C'est bien à tort que cette charmante espèce, au port particulièrement trapu et peu élevé, est généralement considérée comme difficile à cultiver. Aussi à cause de ce préjugé, quoique introduite de Hong-Kong depuis plus d'un demi-siècle, la rencontre-t-on si rarement dans les cultures. Pourtant son port spécial, et surtout ses fleurs aux coloris clairs et distincts, surmontant élégamment son joli feuillage marbré, en font une plante de tout premier ordre. Il est impossible de ne pas se rappeler avec plaisir, comme avec regret, le superbe spécimen cultivé jadis dans la perfection par Mᵣ Chenu dans la collection Nadaillac à Passy. Quel effet charmant produit par l'abondance de ses jolies fleurs tranchant sur le gai feuillage d'un sujet dont le port et les dimensions étaient comparativement réduits ! Ce n'est cependant que dans les collections d'élite que l'on trouve ce joyau végétal qui s'accommode parfaitement de la serre chaude

HONG-KONG

Cultural notes. — This charming species, which is of a particularly dwarf and dense habit, is usually considered difficult to cultivate, and the result of that general but erroneous notion is that it is so seldom found in Orchid collections. Yet its especial habit, and still more the bright and distinct colours of its flowers, which stand elegantly above the tessellated foliage, render it a plant of great merit. One cannot without pleasure, as also without regret, remember the splendid specimen of it grown in years gone bye by M. Chenu in the Nadaillac collection, and also the charming effect produced by the abundance of its lovely flowers, which formed a most pleasing contrast to the gaily coloured foliage of a plant of comparatively diminutive dimensions and compact habit. Nevertheless, it is only in choice collections that this gem among its species is met with. It thrives well in an ordinary stove, but, must be kept as

CYPRIPEDIUM PURPURATUM. LDL.

ordinaire, mais qui demande à être tenu aussi près du verre que possible. Cultivée dans un mélange en parties égales de terre de bruyère fibreuse, de sphagnum et de charbon de bois concassé, avec un drainage parfait, et soumise au même traitement que la plupart de ses congénères, cette espèce intéressante égaye par ses fleurs qui ordinairement s'épanouissent pendant la plus triste saison de l'année, nos serres chaudes dans lesquelles elles se maintiennent de Novembre à Février.

near to the light as possible. When grown in a mixture, in equal parts, of fibrous peat, sphagnum, and roughly broken charcoal, with a thorough good drainage, and under a treatment similar to that given to most of its congeners, this interesting species adorns our warm houses with its flowers during the dullest season of the year, as it blooms from October to February.

CYPRIPEDIUM DAYANUM, Stone.

C. Dayanum, Stone in *Gardeners' Chronicle,* 1860, p. 674.

C. Dayanum : « Aff. C. superbienti, Reichenbach fil. tepalis lævibus at non verrucosis, staminodio transverso antice medio apiculato, labelli lobis acutis. Folia viridia obscure tessellata, oblonga, acuta. Pedunculus monanthus. Sepalum dorsale ab ovatà basi acuminatum limbo ciliatum. Sepalum inferius subæquale brevius. Tepala ligulata acuta paulo undulata ciliata, non verrucosa. Labelli saccus oblongus basi limbo verrucoso. Staminodium transversum, postice bilobum, antice apiculatum. » Reichenbach fil. in *Botanische Zeitung,* 1862, p. 214; et *Xenia,* vol. III, p. 1, t. 201 et 209, fasc. 3 ; *Flore des Serres,* 1862-1865, vol. XV, p. 55, t. 1527.

« **C. spectabile** (lapsus calami C. superbienti) var. Dayanum ; foliis oblongis nebulosis tridentatis, scapo et flore extus hirsutis, bractea ovario triplo breviore, petalis elongatis, ciliatis margine superiore glanduloso, labello oblongo extus lævi intus piloso circa ostium glanduloso, stamine sterili semicirculari pubescente angulis rotundatis margine postico fisso antico obtuse mucronato ». Lindley, in the *Gardeners' Chronicle,* 1860, p. 693 ; Reichenbach fil., *Xenia,* vol. II, p. 10.

C. Dayanum, var. superbum, of *Gardens.*
C. Dayeum, Rafarin in *Revue Horticole,* 1875, p. 110.

C. Petri : « aff. Cypripedio Dayano : labelli sacco magis conico, sepalis brevioribus, sepalo impari triangulo acuto, sepalo inferiori ligulato acuto triangulo, labello subduplo breviori ; tepalis brevioribus rectis seu acuminatis ; staminodio subrhombeo. » Reichenbach fil. in the *Gardeners' Chronicle,* 1880, vol. XIII. p. 680.

C. Petri, Reich. fil. *Belgique Horticole,* 1881, vol. XXXI, P. 242; *Gartenflora* 1881, vol. XXX, p. 61.
C. Peteri, Hort. *Gardeners' Chronicle,* 1887, vol. 1, p. 577, f. 110.
C. Petersi, Hort., and C. Petreianum, Hort.

Feuilles étalées, chaque tige en portant six, longues de 0ᵐ,09 à 0ᵐ,18 sur une largeur de 0ᵐ,025 à 0ᵐ,045, élonguées oblongues ou elliptiques oblongues à extrémité subaiguë et bi ou tridentée et à bords rugueux vers leur extrémité ; surface supérieure d'un vert pâle grisâtre veiné de vert plus foncé, vert pâle en dessous ; coriaces quoique peu épaisses et ne montrant aucune couche superficielle de cellules transparentes dans la section transversale.

Leaves spreading, 6 to a shoot, 3 1/2 to 7 in. long, 1 to 1 3/4 in. broad, elongate-oblong or elliptic-oblong, the apex sub-acute and 2 to 3 toothed, the edges rough towards the apex ; above pale greyish green marbled and veined with dark green, beneath pale green ; coriaceous, rather thin, no superficial layer of transparent cells in transverse section.

Pédoncule long de 0ᵐ,15 à 0ᵐ,20, de couleur brun pourpré, poilu, uniflore.

Peduncle 6 to 8 in. long, brownish-purple, hairy, one-flowered.

Bractée longue de 0ᵐ,018 à 0ᵐ,023, contournée à sa base, à carènes aiguës sur sa surface externe, verte, poilue, principalement sur le devant, et ciliée sur les carènes et sur ses bords.

Bract 3/4 to 1 in. long, convolute at the base, acutely keeled down the back, green, hairy, chiefly on the front part, and ciliate on the keel and edges.

Ovaire (y compris le pédicelle) long de 0ᵐ,045 à 0ᵐ,058, à côtes très prononcées, unicellulaire, poilu, les côtes, d'un brun pourpré, sont séparées par des espaces verts disposés entre elles.

Ovary (including the pedicel), 1 3/4 to 2 1/4 in. long, prominently ribbed, one-celled, hairy, the ribs purple brown with green spaces between them.

Sépale dorsal long de 0ᵐ,040 à 0ᵐ,065 et large de 0ᵐ,025 à 0ᵐ,045, ové, contourné, acuminé à son sommet, les bords recourbés à la base, velu sur sa surface externe, surface interne glabre, cilié sur les bords, blanc et marqué de nombreuses nervures vertes des deux côtés.

Upper sepal 1 1/2 to 2 1/2 in. long, 1 to 1 3/4 in. broad, ovate, convolute acuminate at apex, the margins recurved at the base, softly villous on the back, glabrous on the face, and ciliate on the margin, white with numerous prominent green nerves on both sides.

Sépale inférieur long de 0ᵐ,040 à 0ᵐ,050 sur une largeur moyenne de 0ᵐ,018, lancéolé ou ové-lancéolé, contourné acuminé, très concave, à surface externe velue, surface interne glabre, cilié, blanc, à nervures vertes.

Lower sepal 1 1/2 to 2 in. long, about 3/4 in. broad, lanceolate or ovate-lanceolate, convolute-acuminated, very concave, softly villous outside, glabrous inside, ciliate, white with green nerves.

Pétales largement étalés, longs de 0ᵐ,065 à 0ᵐ,090, sur une largeur moyenne de 0,ᵐ014, ligulés, obtus ou allant en rétrécissant vers leur extrémité, presque droits, légèrement ondulés, glabres sur les deux surfaces, à l'exception de quelques longs poils formant une touffe basilaire et une pubescence microscopique au sommet de la surface externe, garnis jusqu'à leur extrémité de longs cils pourpres disposés sur les deux bords. La moitié apicale est d'une couleur pourpre pâle et la moitié basilaire d'un pourpre plus foncé, garnie de nervures plus foncées encore; la ligne médiane est d'un brun pourpré; leur base est d'un vert pâle et ils sont totalement dépourvus de macules ou de verrues; leur surface externe est d'un pourpre plus pâle.

Petals widely spreading, 2 1/2 to 3 1/2 in. long, 6 to 8 lines broad, strap-shaped, obtuse or somewhat tapering at the apex, nearly straight, slightly undulated, glabrous on both sides except a few long purple hairs forming the basal tuft and a microscopic pubescence on the back at the apex, ciliate to the apex with long purple hairs on both edges. The apical half is pale purple, the basal half darker purple with darker nerves, and the midline purple-brown, the base is pale green and there are no spots or warts, the back is paler purple.

Labelle long de 0ᵐ,060 à 0ᵐ,070, son diamètre aux auricules est d'environ 0ᵐ,028; son onglet est garni d'ailes larges recourbées en dedans, glabre et luisant, de couleur ocre pâle blanchâtre, couvert sur sa partie basilaire de tubercules pourpres qui, sur le devant, se fondent en petites macules de même couleur; le sabot est élongué, quelque peu pointu à son extrémité et caréné sur le devant, muni d'auricules larges et retrorses, ciliées sur leur bord supérieur; surface externe pubéruleuse, d'un brun pourpré terne pâle en dessous, avec le bord de l'orifice pointu et l'intérieur des auricules de couleur ocre; pubescent en dedans jusqu'à l'auréole centrale, blanchâtre à sa base et d'un pourpre pâle sur le sabot.

Lip 2 1/4 to 2 3/4 in. long, 1 to 1/4 in. broad across the auricles; the claw has broad, convexly inflexed sides, glabrous and shining, pale whitish-ochreous, covered with purple tubercles on the basal part, which pass into dots in front; the toe part is elongated, somewhat pointed at the apex and keeled down the front, with large retrorse auricles, ciliate on their upper edge, outside puberulous, pale dull purplish or brownish, pallid beneath, with the edge of the acutely pointed mouth and inside of the auricles ochreous, inside pubescent down the central area, whitish at the base, pale purple in the toe part.

Colonne légèrement pubescente, d'un jaune pâle.

Column sparsely pubescent, pale yellowish.

Staminode brusquement défléchi, transversal, montrant une encoche étroite sur le derrière et une pointe triangulaire sur le devant, d'un vert clair veiné de vert plus foncé.

Staminode abruptly deflexed, transverse, with a narrow notch behind, triangularly pointed in front, light green with darker green venation.

Étamine pointue à son extrémité, sa connexion avec l'anthère ne s'étendant pas au delà des cellules.

Stamen pointed at the apex; connective of anther not produced beyond the cells.

Stigma orbiculaire, glabre.

Stigma orbicular, glabrous.

CYPRIPEDIUM DAYANUM. STONE.

Le *C. Dayanum* est une espèce fort jolie et très distincte chez laquelle le feuillage est élégamment marbré. Les pétales droits et très étalés ainsi que les coloris délicats des fleurs forment un ensemble d'un grand effet et des plus agréables. Chose curieuse, ce n'est que depuis peu que l'on apprécie sa beauté.

This is a fine and distinct looking species, the prettily variegated leaves, the straight wide-spreading petals, together with the clean delicate colours of the flowers, forming a pleasing and effective combination and give the plant a rather striking appearance, though curious to state it does not appear to be admired by some people.

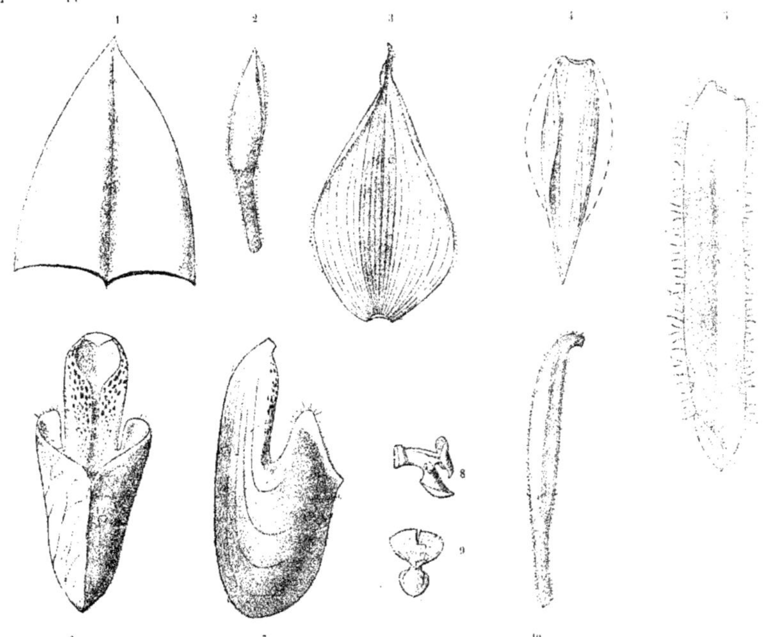

Peint par Mᵐᵉ J. Koch dans les serres de M. Godefroy-Lebœuf, à Argenteuil.

Drawn at Mr. Godefroy-Lebœuf's, Argenteuil, by Miss J. Koch.

EXPLICATION DES FIGURES ANALYTIQUES

1, Extrémité de feuille et section. — 2, Bractée. — 3, Sépale supérieur. — 4, Sépale inférieur. — 5, Pétale. — 6 et 7, Labelle, vu de face et de côté. — 8 et 9, Colonne, staminode, etc. vus de face et de côté. — 10, Ovaire.

EXPLANATION OF THE ANALYSES

1, Apex of leaf and section. — 2, Bract. — 3, Upper sepal. — 4, Lower sepal. — 5, Petal. — 6 and 7, Lip, front and side views. — 8 and 9, Column, staminode etc. front and side views. — 10, Ovary.

Le *C. Dayanum* fut découvert par M. Hugh Low sur le mont Kina Balu(1), dans le nord de Bornéo vers 1859 ou 1860. Tout ce qui en fut importé par MM. Low et Cie., fut acheté par M. J. Day, de Tottenham, chez qui il fleurit pour la première fois en juillet 1860, et auquel il fut dédié en premier lieu par son jardinier, M. Stone, qui l'exposa sous le nom *C. Dayanum* à une réunion de la Société Royale d'Horticulture tenue à Londres, le 12 juillet 1860. Cette plante fut de nouveau découverte sur le mont Kina Balu par Peter Veitch, et M. F. W. Burbidge qui, en 1879, l'envoyèrent à MM. J. Veitch and Sons pour le compte desquels ils voyageaient. C'est d'après les plantes de cette importation que Reichenbach fit paraître la description du *C. Petri*. Il ne diffère par aucun caractère essentiel de la plante introduite en premier lieu par M. Low. Toutes deux sont variables, la teinte du feuillage et des fleurs est plus ou moins foncée, et les pétales sont plus ou moins aigus.

C. Dayanum was discovered by Mr. Hugh Low on mount Kina Balu (1) in North Borneo about the year 1859 or 1860, and the whole consignment of it which he sent home, was purchased of Messrs. Low and Co. by Mr. J. Day, of Tottenham, in whose collection it flowered for the first time in July 1860, and after whom it was first named by his gardener Mr. Stone, having been exhibited as *C. Dayanum* by that gentleman at a meeting of the Royal Horticultural Society, London, on July 12ᵗʰ 1860. The plant was again found on mount Kina Balu by Mr. Peter Veitch and Mr. F. W. Burbidge, and sent home by them in 1879. It was from plants of this consignment that Reichenbach described *C. Petri*, which does not differ in any character from the plant first introduced by Mr. Low, which, as well as that collected by Messrs. Veitch and Burbidge is variable, the leaves of some individuals being darker and the flowers of a browner tint than in others, the petals too are more pointed in some flowers than in others.

(1) C'est à la bonté de Messrs. J. Veitch and Sons que nous sommes redevables pour l'information se rapportant à la découverte et à la localité de cette espèce publiée ici pour la première fois.

(1) For the account of the discovery and locality of this plant, now for the first time published, we are indebted to the kindness of Messrs. J. Veitch and Sons.

Lindley considérait cette plante comme étant une variété du *C. superbiens* (que dans un moment d'oubli il nomme *C. spectabile*), mais elle se distingue de cette espèce par ses pétales très étalés et immaculés, par son staminode différent, etc.

Culture. — Le *C. Dayanum* est une espèce de culture facile mais réclamant, durant toute l'année, la serre chaude dans laquelle il est bon de lui donner une position assez près de la lumière. Un mélange de terre de bruyère fibreuse ou de terre de polypode, de sphagnum et de charbon de bois grossièrement concassé, en proportions égales est le compost qui lui convient le mieux et dans lequel cette espèce croît vigoureusement pourvu que son drainage reçoive l'attention nécessaire. Comme à toutes ses congénères, il lui faut des arrosages fréquents et copieux pendant la durée de sa floraison qui s'étend généralement de Février à fin Avril, et il est indispensable que ses racines charnues soient tenues dans une humidité constante durant toute l'année.

Lindley considered this plant to be a variety of *C. superbiens* (for which name by a slip of the mind, he wrote *C. spectabile*), but it may be immediately recognised from that species by the widely spreading, unspotted petals, and different staminode, etc.

Cultural Notes. — *C. Dayanum* is a species of easy cultivation, but requiring throughout the year a place in the warm house, where it should be kept near the light. A mixture in about equal parts of fibrous peat, sphagnum, and coarsely broken charcoal, is a compost in which this species grows vigorously, provided that its drainage be properly attended to. Like all its congeners it also requires frequent and copious waterings while it is in flower, a period which generally extends from February to the end of April, and it is most essential that its fleshy roots should be kept constantly moist during the whole year.

CYPRIPEDIUM PHILIPPINENSE, Reichenbach fil.

« **C. philippinense** : aff. C. glandulifero Bl. sepalo dorsali oblongo acuto, inferiori inæquali, tepalis deflexis linearibus basi paulo dilatatis, labello bene longioribus (ultra ipollicaribus, vivis certe bene longioribus), labello obtuso extenso, sacco quam in C. glandulifero amplo longiori, staminodio cordiformi. » Reichenbach fil. in *Bonplandia,* 1862, p. 335.

« C. lævigatum ; foliis distichis ensiformibus coriaceis obtusiusculis lævigatis immaculatis scapo pubescente stricto 3-5-floro brevioribus, bracteis ovatis acutis ovario 2-plo brevioribus, sepalis lateralibus connatis dorsali ovato acuto conformibus, petalis sepalis 2-plo longioribus linearibus sursum in margine setoso-glanduligeris contortis acuminatissimis, labello angusto oblongo acutiusculo, staminodio cordiformi emarginato. » Bateman in the *Botanical Magazine,* 1865, vol. XCI, t. 5508.

Belgique Horticole, 1867, vol. XVII, p. 102, pl. 6 ; *Flore des Serres,* 1867-1868, vol. XVII, p. 83, t. 1760-1761 ; *Floral Magazine,* 1866, vol. V, pl. 298 ; *Gardeners' Chronicle,* 1865, p. 914, with fig. ; *Gartenflora.* 1865, vol. XIV, p. 383 ; *Revue de Horticulture belge,* June 1881.

C. Röbbelenii, Reichenbach fil. in the *Gardeners' Chronicle,* 1883, vol. XX, p. 684, et 1884, vol. XXI, p. 16 ; *Florist and Pomologist,* 1884, p. 13.

Selenipedium lævigatum, May in *Revue Horticole,* 1885, p. 301.

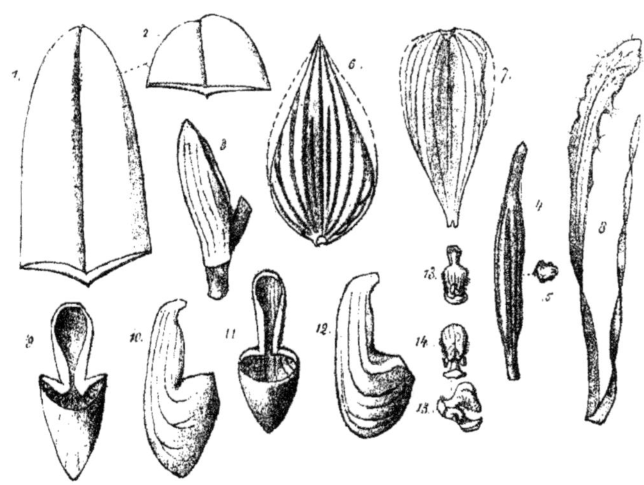

EXPLICATION DES FIGURES ANALYTIQUES

1 et 2, Extrémité de feuille avec section. — 3, Bractée. — 4, Ovaire. — Section de l'ovaire. — 6, Sépale dorsal. — 7. Sépale inférieur. — 8, Pétale. 9 à 12, Différents labelles vus de face et de côté. — 13 à 15, Colonne staminode, etc., vus de face et de côté, tous les organes de grandeur naturelle.

EXPLANATION OF THE ANALYSES

1 and 2. Apex of leaf with section. — 3, Bract. — 4, Ovary. — 5, Section of ovary. — 6, Upper sepal. — 7. Lower sepal. — 8, Petal. — 9 to 12, Front and side views of different lips. — 13 to 15, Upper, front, and side views of column, staminode, etc. All natural size.

Feuilles disposées au nombre d'environ six sur chaque tige, ascendantes et étalées, longues de 0ᵐ,15 à 0ᵐ,25 sur une largeur moyenne de 0ᵐ,025 à 0ᵐ,040,

Leaves about six to each shoot, ascending and spreading, 6 to 10 inches long, 1 to 1 1/2 inch, broad, strap-shaped, obtuse and usually unequally bilobed at

ligulées, obtuses et généralement inégalement bilobées à leur extrémité ; d'une couleur uniforme vert luisant en dessus et vert pâle en dessous, épaisses et coriaces, montrant une couche superficielle très épaisse de cellules transparentes disposées en section transversale et des bords étroits et cartilagineux.

Pédoncule plus long que les feuilles, portant de trois à cinq fleurs, pubescent, de couleur pourpre brunâtre.

Bractée longue de 0ᵐ,020 à 0ᵐ,030, pubescente, de couleur vert clair.

Ovaire (y compris le pédicelle), long de 0ᵐ,040 à 0ᵐ,055 comprimé et à côtes très prononcées, pubescent, d'un brun pourpré et unicellulaire.

Sépale dorsal long de 0ᵐ,030 à 0ᵐ,040 et large de 0ᵐ,020 à 0ᵐ,030, largement ové, aigu, sa surface externe pubescente, et sa surface interne presque complètement glabre, légèrement ciliée, blanc laiteux, et veiné sur sa surface interne de brun pourpré foncé, et de verdâtre ou brunâtre sur sa surface externe.

Sépale inférieur semblable au sépale dorsal, mais plus concave, d'un blanc verdâtre pâle sur lequel ressortent des nervures grêles d'une teinte purpurescente.

Pétales longs de 0ᵐ,10 à 0ᵐ,12, larges de 0ᵐ,006 à 0ᵐ,008 à leur base, se terminant en forme de rubans tortillés, linéaires, penduleux étalés, à base verte ou jaune verdâtre, ornés de nervures pourpres, et montrant à leur base des macules couleur chocolat ; les bords ondulés, ciliés, sont maculés de couleur chocolat foncé, tandis que dans la partie rubannée, qui est à fond pourpré, les teintes se fondent en une couleur verdâtre qui caractérise leur extrémité ; ils sont pubescents sur les deux surfaces.

Labelle de petites dimensions pour une plante appartenant à ce genre, long de 0ᵐ,030 à 0ᵐ,040, et large de 0ᵐ,015 à 0ᵐ,020 à son orifice ; d'un jaune pâle terne, orné de nervures verdâtres, glabre, onglet à bords convexes recourbés, lisse et dépourvu de tout corps tuberculeux, sabot de forme variable, comme le montrent les diagrammes ci-contre.

Staminode défléchi, capuchonné, cordiforme, entaillé à son sommet, pubescent, d'un vert jaunâtre veiné de vert plus foncé.

the apex, of an uniform bright glossy green above, pallid beneath, thick and rigidly coriaceous, with a very thick superficial layer of transparent cells in transverse section, and with narrow cartilaginous edges.

Peduncle longer than the leaves, 3 to 5 flowered, pubescent, brownish purple.

Bracts 3/4 to 1 1/4 in. long, pubescent, light green.

Ovary (including the pedicel), 1 1/2 to 2 1/4 in. long, compressed and prominently ribbed, pubescent, brownish-purple, one-celled.

Upper sepal 1 1/4 to 1 3/4 in. long, 3/4 to 1 1/4 in. broad, broadly ovate, acute, pubescent on the back, glabrous or nearly so on the face, minutely ciliate, milk-white, with the thick nerves of a dark purple-brown on the face, greenish or brownish on the back.

Lower sepal similar to the upper one, but more concave, pale greenish-white or purplish-white, with more slender green, or purplish-tinted nerves.

Petals 4 to 5 in. long, 1/4 to 1/3 in. broad at base, tapering into linear twisted tails, which are pendulous-spreading, the basal part light greenish or greenish-yellow, with purplish nerves, having a few chocolate spots on them just at the base, and the wavy ciliate margins bordered or spotted with dark chocolate, the tails are purplish, varying in depth of tint, shading into greenish towards the tips, pubescent on both sides.

Lip rather small for the genus, 1 1/4 to 1 1/2 in. long, 1/2 to 3/4 in. broad across the mouth, pale dull yellow with greenish nerves, glabrous, the claw with convex inflexed sides, smooth, without tubercles, the toe part variable in form, as shewn in the plate and analyses.

Staminode deflexed, hooded, cordiform, notched at the apex, pubescent, yellowish green, with darker green venation.

C'est d'après un spécimen à l'état sec que le professeur Reichenbach, fit connaître cette plante au monde scientifique, en publiant sa description en 1862. Trois ans plus tard M. John Gould Veitch eut la satisfaction de l'introduire vivante en Angleterre ; elle fut alors décrite et figurée dans le *Botanical Magazine* sous la dénomination nouvelle de *C. lævigatum* (nom sous lequel cette espèce est le plus fréquemment désignée dans les cultures), la description publiée à l'origine par le professeur Reichenbach avait totalement échappé à M. Bateman.

M. Veitch découvrit le *C. philippinense* croissant parmi les *Vanda Batemani* qui couvraient de leur végétation les rochers d'une petite île du groupe des Philippines. La forme nommée *C. Röbbelenii* fut également découverte, par M. Röbbelen sur une autre petite île où elle croissait sur les pierres en plein soleil et

C. Philippinense was first made known to science by means of a dried specimen, as described by Prof. Reichenbach in 1862, and three years later Mr. J. G. Veitch had the good fortune to introduce it into England alive, and it was then described and figured in the *Botanical Magazine* under the new name of *C. lævigatum* (by which it is still best known in gardens), the original description of Prof. Reichenbach having been overlooked by Mr. Bateman.

Mr. Veitch found the plant growing among masses of *Vanda Batemani* which covered the rocks by the coast of a small Island of the Philippine group. The form called *C. Robbelenii* was found on another small Island, by Mr. Röbbelen, growing on stones, without any shade, and fully exposed to the sun; it differs from the usual form only

CYPRIPEDIUM PHILIPPINENSE. RCHB. F

sans le moindre ombrage naturel ; cette forme ne se distingue de l'espèce typique que par son sépale dorsal plus étroit et de forme plus oblongue. La forme des sépales nous paraît très variable, il en est de même de celle du labelle, il est donc préférable de ne pas donner de nom spécial à une telle variation.

Cette espèce élégante forme avec les *C. Stonei, C. præstans*, etc., un petit groupe très tranché de sujets chez lesquels la coloration du sépale dorsal, la forme du labelle, et la nature capuchonnée du staminode sont autant de caractères essentiellement distinctifs. Les pédoncules qui supportent en même temps plusieurs fleurs gracieuses sont plus longs que les feuilles, ils ont ainsi l'avantage de montrer la partie rubanée et extrêmement élégante des pétales dans toute sa splendeur. Cette plante qui fleurit au printemps est très ornementale et d'un grand effet, aussi est-elle très généralement admirée.

Culture. — Le *C. philippinense*, plus communément appelé *C. lævigatum*, est une espèce de culture très facile, mais il lui faut la serre chaude toute l'année. Il est peu de plantes d'une nature aussi accommodante que celle-ci quant à la situation à lui donner, car toute position dans la serre chaude lui paraît bonne ; il est préférable cependant, pour la rendre plus florifère, de la placer sous les rayons directs du soleil. Dans un endroit constamment ombragé, sa croissance est tout aussi sûre et même plus rapide, mais elle s'opère au détriment de sa floraison qui est rarement aussi abondante et aussi régulière que lorsqu'elle se trouve exposée à l'action des rayons solaires pendant une bonne partie de la journée. Comme toutes les autres espèces appartenant au même groupe, le *C. philippinense* demande à avoir ses racines tenues constamment humides et réclame pendant l'été, époque à laquelle ses fleurs s'épanouissent, des arrosages plus copieux et plus fréquents.

in its narrower and more oblong upper sepal, but as I believe the species to be variable in this respect, as it certainly is in the form of the lip, it does not appear desirable to maintain a separate name for such a variation.

This elegant species together with *C. Stonei, C. præstans*, etc., form a distinct little group, well characterised by the coloration of the upper sepal, the form of the lip and the hooded staminode. The peduncle being longer than the leaves, its several gracefully tailed flowers are shewn off to good advantage, and being very effective and ornamental, this plant is always a favorite with Orchid lovers. It flowers in the spring.

Cultural Notes. — *C. philippinense*, or *C. lævigatum* as it is more commonly called, is very easily cultivated, provided that it is subjected to stove treatment all the year round. Few plants are of such an accommodating nature as to situation, for any position in the warm house appears to suit it ; it is however more advisable to keep it in a place where direct sunlight falls upon it, as in that case it is much more floriferous. In a place constantly shaded its growth is more rapid, but this takes place at the expense of the flowers, which are not produced so abundantly nor so regularly as when the plant is exposed to the action of the sun during the best part of the day. Like all other species belonging to the same group, *C. philippinense* requires to have its roots kept constantly moist, and must, during the summer months, when its flowering takes place, receive more abundant and more frequent waterings.

CYPRIPEDIUM SUPERBIENS, Reichenbach fil.

« **C. superbiens** : Aff. C. barbato stamine sterili semiovato antice retuso utroque angulo et medio minute unidentato, carina pagina inferioris et filamentis hispidis, tepalis sepalo dorsali dimidio longioribus ligulatis, labelli laciniis lateralibus inflexis verrucosis. — Pedunculus crassus minute puberulus. Bractea carinata ovario brevissimo rostrato plus duplo brevior. Sepalum dorsale oblongum bene acutum, inferius duplo minus oblongo triangulum apice bilobulum ; utrumque album viridi striatum. Tepala alba atrosanguineo creberrime maculata. »

Reichenbach fil. in *Bonplandia*, 1855, p. 227 ; in Otto et Dietrich, *Allgemeine Garten Zeitung*, 1856, p. 323 ; et *Xenia*, vol. II, p. 9, t. 103 ; *Wochenschrift*, 1858, vol. I, p. 171 ; *Flore des Serres*, 1873, vol. XIX, p. 115, t. 1996 ; *Gartenflora*, 1863, vol. XII, p. 49 ; Warner *Select Orchidaceous Plants*, ser. 2, pl. 12 ; *Florist and Pomologist*, 1871, p. 208, with fig.

C. barbatum, var. grandiflorum, hort. Veitch (non Van Houtte).

C. barbatum, var. Veitchii, Van Houtte, *Flore des Serres*, 1861, vol. XIV p. 161, t. 1453.

C. Veitchianum, Lemaire, *Illustration Horticole*, 1865, vol. XII, t. 420 ; *Gartenflora*, 1866, vol. XV, p. 57 ; *Revue Horticole*, 1870-1871, p. 595-596, f. 78-79 (abnormal) ; Puydt, *Orchidées*, p. 267, pl. 14.

C. Veitchii, Hort.

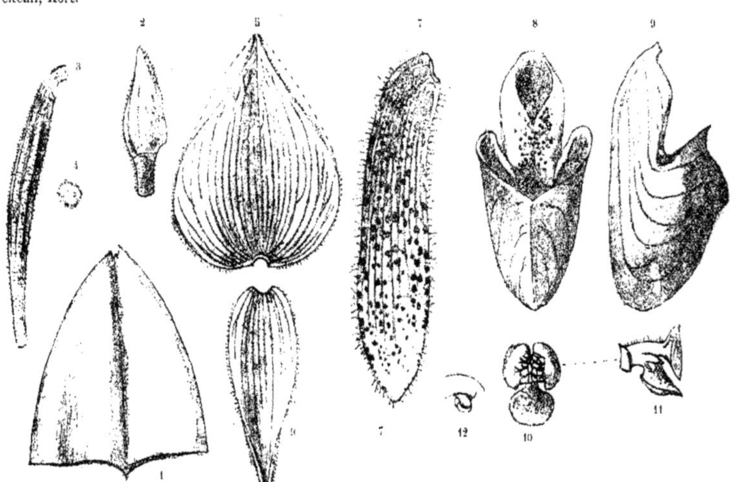

Peint par Mlle J. Koch dans les serres du Luxembourg, à Paris.

Drawn in the Luxembourg gardens, Paris, by Miss J. Koch.

EXPLICATION DES FIGURES ANALYTIQUES

1 Extrémité de la feuille avec section. — 2, Bractée. — 3, Ovaire. — 4, Section de l'ovaire. — 5, Sépale dorsal. — 6, Sépale inférieur. — 7, Pétale. — 8 et 9, Labelle vu de face et de côté. — 10 et 11, Colonne, staminode, etc., vus de face et de côté. — 12, Étamine grossie. Tous les autres organes de grandeur naturelle.

EXPLANATION OF THE ANALYSES

1, Apex of leaf, with section. — 2, Bract. — 3, Ovary. — 4, Section of ovary. — 5, Upper sepal. — 6, Lower sepal. — 7, Petal. — 8 and 9, Front and side views of the lip, — 10 and 11, Front and side views of the column, staminode, etc., — 12, Stamen magnified. All the rest natural size.

Feuilles étalées, chaque tige en portant 8, longues de 0^m, 15 à 0^m,20, sur une largeur de 0^m,045 à 0^m,058, elliptiques-oblongues, sub-aiguës ou obtuses, tridentées à leur extrémité, d'un vert pâle veiné et marbré de vert

Leaves spreading, about 8 to a shoot, 8 to 9 in. long, 1 3/4 to 2 1/4 in. broad elliptic-oblong, subacute or obtuse, 3-toothed at apex, pale green veined and tessellated with dark green, coriaceous, rather thin,

foncé, coriaces quoiqu'un peu minces, avec la couche superficielle des cellules réduites à une simple ligne, en section transversale.

Pédoncule variant en longueur de 0^m,20 à 0^m,25, couvert de poils courts d'un pourpre terne, uniflore.

Bractée longue de 0^m,018 à 0^m,025, ciliée sur la carène et sur les bords, d'un vert clair ou brunâtre, pubescente, à bords repliés sur le devant et à carènes aiguës sur le derrière.

Ovaire (y compris le pedicelle) long d'environ 0^m064, à nervures très prononcées, pubescent, d'un vert clair, unicellulaire.

Sépale dorsal long de 0^m,045 à 0^m,058, sur une largeur de 0^m,040 à 0^m,050, largement ové-aigu, orné de nombreuses nervures, pubescent sur sa surface externe, à surface interne glabre, avec quelques poils seulement microscopiques situés sur les nervures vers la base, cilié, blanc de chaque côté, avec nervures vertes, l'auréole centrale sur la surface externe est ombrée de vert.

Sépale inférieur long de 0^m,040 à 0^m,045, et large de 0^m,012 à 0^m,018, lancéolé, obtus et émarginé à son extrémité, concave, à sa surface externe pubescente et surface interne glabre, cilié, de couleur fond blanc ornée de nervures vertes et verdâtre vers le milieu de sa surface externe.

Pétales mesurant de 0^m,065 à 0^m,075 de long sur 0^m,015 à 0^m,018 de largeur, penduleux, ligulés, obtus, glabres sur leurs deux surfaces et portant à leur base une petite touffe de poils pourprés, et garnis sur les deux bords et jusqu'à leur extrémité de cils pourprés ; les deux côtés sont d'une couleur blanchâtre lavée de rose clair et ombrée de vert ; leur base, à la surface interne est fortement pointillée et comme ombrée de brun pourpré, les nervures sont d'un vert pâle et leur surface toute entière est recouverte de macules rondes brun pourpré qui se laissent voir jusque sur la surface externe, celles qui sont disposées sur les bords étant d'une nature plus ou moins verruqueuse.

Labelle long de 0^m,060 à 0^m,065 sur un diamètre de 0^m,025 à 0^m,035 aux auricules, son onglet est muni d'ailes très larges, convexes et recourbées en dedans se rencontrant vers le milieu, d'un pourpre vif maculé de pourpre plus foncé ; l'extrémité du sabot un peu pointue et garnie sur son devant d'une ligne médiane en forme de carène et l'orifice un tant soit peu aigu, légèrement pubéruleux, pourpré, pâle en dessous et pubescent à son intérieur sur l'auréole centrale, pâle, maculée de pourpre.

Colonne légèrement pubescente, d'un jaune verdâtre très pâle.

Staminode défléchi verticalement, transversal, muni d'une entaille étroite sur le derrière et de deux dents sur le devant, entre lesquelles se trouve une encoche large et tronquée ; verdâtre pâle, blanchâtre vers le bord postérieur, et à disque réticulé de vert foncé.

Étamine pointue à son extrémité, sa connexion avec l'anthère ne s'étendant pas au-delà des cellules.

Stigma orbiculaire, pubescent en dessus, surface stigmatique glabre.

with the superficial layer of transparent cells reduced to a mere line, in transverse section.

Peduncle 8 to 10 in. long, shortly hairy, dull purple, one-flowered.

Bract 3/4 to 1 in. long, the margins folded together in front, acutely keeled on the back, light green or brownish-green, pubescent, ciliate on the keel and edges.

Ovary (including the pedicel), about 2 1/2 in. long, prominently ribbed, pubescent, light green, one-celled.

Upper sepal 1 3/4 to 2 1/4 in. long, 1 1/2 to 2 in. broad, broadly ovate acute, many nerved, pubescent on the back, glabrous on the face, with a few microscopic hairs on the nerves towards the base, ciliate, both sides white with green nerves, the central area on the back being shaded with green.

Lower sepal 1 1/2 to 3/4 in. long 5/8 to 3/4 in broad, lanceolate, obtuse and emarginate at apex, concave, pubescent on the back, glabrous inside, ciliate, white with green nerves, and greenish down the middle of the back.

Petals 2 1/2 to 3 in. long 5/8 to 3/4 in. broad, drooping, strap-shaped, obtuse, glabrous on both sides, with a sparse basal tuft of a few purple hairs, and ciliate on both edges to the apex with purple hairs; both sides whitish, tinted with delicate rose and shaded with green, on the face the base is densely speckled and suffused with brown-purple, the nerves are pale green, and the whole surface marked with round brownish-purple spots which shew through on the back, those on the edges being more or less warted.

Lip 2 to 2 1/2 in. long, 1 to 1 1/4 in. broad across the auricles; the claw has very broad, convex, inflexed sides, which meet in the middle, bright light purple with darker purple wart-spots; the toe part is somewhat pointed, with a keel-like midline in front, and the mouth rather acute, minutely puberulous, purple, pallid beneath; inside pubescent down the central area, pallid, dotted with purple.

Column slightly pubescent, very pale greenish-yellow.

Staminode vertically deflexed, transverse, with a narrow notch behind, and two teeth in front, with a broad truncate notch between them; pale greenish, whitish towards the hind border, the disk reticulated with darker green.

Stamen pointed at the apex; the connective of the anther not produced beyond the cells.

Stigma orbicular, pubescent above, the stigmatic surface glabrous.

CYPRIPEDIUM SUPERBIENS. RCHB. F.

Le *C. superbiens* est un des plus beaux membres du groupe composé des espèces à feuillage tessellé. Les grandes dimensions de ses fleurs, leurs pétales fortement maculés, font de cette plante une des plus attrayantes. Quoique appartenant au même groupe que le *C. barbatum*, il paraît singulier que jusqu'à présent on l'ait considéré comme une de ses variétés car il est très distinct, et n'a réellement d'affinité qu'avec le *C. ciliolare*.

Le *C. superbiens* fut introduit en premier lieu de Java, par MM. Rollisson qui le vendirent au Consul Schiller. C'est là que fleurit le sujet qui, en Août 1855, servit pour la description de Reichenbach. Plus tard, en 1858, T. Lobb, durant son voyage d'exploration dans Malacca le découvrit de nouveau sur le mont Ophir, et l'envoya avec un lot de *C. barbatum* à MM. Veitch qui nous ont donné ce renseignement. M. le prof. Reichenbach nous informe que les nombreux sujets qui se trouvent dans les cultures, sont tous descendus de ces deux plantes, il n'existe conséquemment que peu de variétés de cette plante qui n'est pas encore très commune. La localité d'Assam, publiée dans la *Flore des serres*, t. 1996, et dans le *Select Orchidaceous Plants* de Warner, est assurément une erreur. Le *C. superbiens* est fréquemment aussi appelé *C. Veitchianum*, nom qui lui fut donné par quelques horticulteurs et amateurs du Continent lors de sa réintroduction par Lobb. («*We have to thank some of our continental friends for calling it C. Veitchii. Veitch, in litt.*» *Lemaire.*) Et c'est là en effet une espèce assez belle et d'un mérite assez réel pour que sa dédicace flatte l'introducteur le plus difficile.

Culture. — Le *C. superbiens* est une plante demandant à être, pendant toute l'année, tenue dans la serre chaude où il est indispensable de lui réserver une place à l'abri des rayons solaires et même de la lumière très vive, qui ont pour effet de donner à la plante une apparence maladive. Son feuillage, ordinairement d'un beau vert gai, prend en effet une teinte désagréable dont il ne se remet que lentement et avec beaucoup de difficulté. Des arrosages copieux lui sont nécessaires à toute époque de l'année, mais surtout pendant sa floraison qui généralement dure du milieu de Mai à la fin d'Août ; et le compost qui lui convient le mieux est un mélange de sphagnum, de terre de bruyère fibreuse et de charbon de bois concassé, en parties égales. Il faut également veiller à ce que le drainage ne laisse rien à désirer.

C. superbiens is one of the handsomest members of the group with tessellated leaves, the large size of the flowers, and the broad, thickly spotted petals rendering it a very attractive plant. Although belonging to the same group as *C. barbatum*, it is still very strange that it should ever have been considered to be a variety of that species, seing how very distinct it is from that plant, its real affinity being with *C. ciliolare*.

C. superbiens was originally introduced from Java by Messrs. Rollison, who sold it to Consul Schiller, and from his plant it was described by Reichenbach in August 1855. Subsequently in the year 1858, Mr. T. Lobb sent it to Messrs. Veitch (to whom we are indebted for this information) along with a lot of *C. barbatum*, from mount Ophir in Malacca; and Prof. Reichenbach states that the numerous plants in gardens have all descended from these two individuals, consequently, as might be expected, there is not much variation to be found among them, and it has not yet become a very common plant. The locality Assam given in the *Flore des Serres* on t. 1996, and in Warner's *Select Orchidaceous Plants* is obviously an error. *C. superbiens* is also frequently called *C. Veitchianum*, a name which was given to it by some nurserymen and some amateurs from the continent when reintroduced by Lobb. («*We have to thank some of our continental friends for calling it C. Veitchii. Veitch in litt.*» *Lemaire.*) And it is really a plant of sufficient merit, and of such importance, that the ambition of even the most particular introducer may well be flattered by its dedication.

Cultural notes. — *C. superbiens* requires the temperature of the East Indian house all the year round; and it is indispensable that it should be placed in such a position as to entirely exclude the direct rays of the sun, and even be protected from strong light, which has the effect of producing an unhealthy condition in its foliage, from which it recovers but slowly and with great difficulty. It is also necessary that at all times of the year, liberal waterings should be given to it, but most particularly during its flowering season, which extends from the middle of May to the end of August. The compost which is found most suitable to its thick fleshy roots, is a mixture of sphagnum, fibrous peat, and roughly broken charcoal in equal parts. Special attention must also be paid to the drainage, which must not on any account be defective.

CYPRIPEDIUM LOWII, Lindley.

C. Lowii; « Leaves ligulate, not plaited, all radical. Stem downy (dull purple), bearing a raceme of 4 to 8 flowers. Sepals downy externally, the lower smaller and very slightly emarginate. Petals spathulate (nearly 3 inches long), much longer than the lip, incurved, slightly downy, with a few marginal purple bristles here and there, especially near the base. Lip perfectly smooth shining as if varnished, regularly oblong. Sterile stamen inversely heart-shaped, smooth, except at the edges, which are bordered with purple hairs, furnished at the base with a blunt horn hairy at the back, and with a short mucro between the lobes of the heart-shaped apex. » Lindley in the *Gardeners' Chronicle*, 1847, p. 765, with fig. ; *Wochenschrift*, 1858, vol. I, p. 170 ; *Bonplandia*, 1856, p. 330; *Gartenflora*, 1880, vol. XXIX, p. 272★.

C. Lowii, C. Lemaire, *Flore des Serres*, 1847, vol. III, p. 291ᵇ, et 1848, vol. IV, p. 373 ; *Annales de Gand*, 1848, vol. IV, p. 175, 195; *Illustration Horticole*, 1857, vol. IV ; *Misc.*, p. 23 ; *Revue Horticole*, 1883, p. 352-354, f. 62, et 1885, p. 473, f. 85 ; Puydt, *Orchidées*, p. 261, pl. 11 ; *Florist and Pomologist*, 1870, p. 108, with fig.
C. cruciforme, Zoll. et Mor. in De Vriese et Pahud, *Illustrations d'Orchidées*, 1854, with plate; *Bonplandia*, 1856, p. 157.

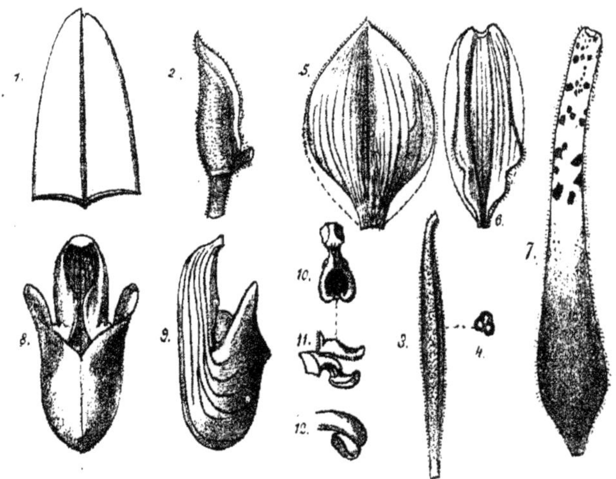

Peint par Mˡˡᵉ J. Koch dans les serres du Luxembourg, Paris.

Drawn in the Luxembourg gardens, Paris, by Miss J. Koch.

EXPLICATION DES FIGURES ANALYTIQUES

1, Extrémité de feuille avec section. — 2, Bractée. — 3, Ovaire. — 4, Section de l'ovaire. — 5, Sépale dorsal. — 6, Sépale inférieur. — 7, Pétale. — 8 et 9, Labelle vu de face et de côté. — 10 et 11, Colonne, staminode, etc., vus d'en haut et de côté. — 12, Étamine grossie. Tous les autres organes de grandeur naturelle.

EXPLANATION OF THE ANALYSES

1, Apex of leaf, with section. — 2, Bract. — 3, Ovary, — 4, Section of ovary. — 5, Upper sepal. — 6, Lower sepal. — 7, Petal. — 8 and 9, Front and side views of the lip. — 10 and 11, Column, staminode, etc., viewed from above, and from the side. — 12, Stamen, magnified. All the rest natural size.

Feuilles généralement au nombre de six sur chaque tige, montrant une disposition distique, ascendantes-étalées, longues de 0ᵐ,20 à 0ᵐ,32 sur une

Leaves about six to a shoot, distichous, ascending-spreading, 8 to 13 in. long, 1 1/4 to 1 1/2 in wide, strap-shaped, obtuse and minutely three-toothed at apex, of an

* N. B. — Dans toutes les publications énumérées ci-dessus, le nom est écrit *Lowei*, mais comme Lindley a commis une erreur en écrivant le nom de Low « *Lowe* », probablement par suite d'informations insuffisantes, on est d'accord pour écrire aujourd'hui *C. Lowii*.

* N. B. — In all the above places the name is spelled *C. Lowei*, but as Lindley was clearly and indisputably wrong in spelling Mr. Low's name as « *Lowe* », probably through being misinformed, it is agreed among all to spell it *C. Lowii*.

largeur de 0^m,032 à 0^m,040, ligulées, obtuses et très finement tridentées à leur extrémité, d'une couleur vert foncé uniforme sur leur surface supérieure, tandis que leur surface inférieure sur laquelle on remarque, en les exposant à la lumière, six lignes transparentes longitudinales s'étendant sur toute la longueur des feuilles, coriaces, épaisses et garnies d'une couche épaisse superficielle de cellules transparentes disposées en une section transversale est d'un vert jaunâtre.

Pédoncule plus long que les feuilles, d'un brun pourpré et garni de poils blancs veloutés, portant généralement deux ou trois fleurs, rarement davantage.

Bractée longue de 0^m,025 carénée-aiguë, d'un vert clair, légèrement pubescente, ciliée sur ses bords comme sur sa carène.

Ovaire (y compris le pédicelle), long de 0^m,050 à 0^m,065, trigone, à surface unie, d'un brun pourpre, couvert de poils blancs, unicellulaire.

Sépale dorsal 0^m,040 à 0^m,045 de longueur sur 0^m,032 à 0^m,040 de largeur, elliptique-aigu, avec côtés repliés à la base, le sommet penché en avant et largement sillonné, caréné et pubescent sur sa surface externe, finement pubéruleux sur sa surface interne, à bords ciliés d'un vert jaunâtre clair des deux côtés et orné de nervures plus foncées; la surface interne est en outre ombrée de pourpre à sa base.

Sépale inférieur, long d'environ 0^m,040 sur 0^m,018 de large, oblong, légèrement bifide à son extrémité, avec un sillon large mais peu profond dans sa partie centrale et des bords ondulés, repliés et ciliés, garni de deux carènes et pubescent sur sa surface externe, surface interne légèrement pubéruleuse, et d'un vert jaunâtre pâle des deux côtés.

Pétales longs de 0^m,08 à 0^m,09, larges de 0^m,006 à leur base, mais mesurant jusqu'à 0^m,020 à leur extrémité, spatulés, se terminant en une pointe émoussée; la surface externe de la moitié inférieure est légèrement pubescente à sa base, surface interne légèrement pubéruleuse et montrant à sa base quelques poils plus longs et incolores, jaunâtres, marqués sur leur surface interne de nombreuses macules de couleur brun pourpré foncé, et de plus petites mais aussi plus nombreuses macules de même couleur à leur base, les macules les plus larges visibles à la surface externe; la moitié supérieure glabre, d'un pourpre clair sur les deux côtés, mais non pas luisante; bords ciliés jusqu'à l'extrémité et garnis de poils courts incolores.

Labelle long de 0^m,040 à 0^m,045 et mesurant environ 0^m,025 aux auricules; extérieur glabre, luisant, de couleur pourprée; les côtés étroits et repliés de l'onglet disposés sur le devant d'un corps émoussé triangulaire sont d'un jaune clair; intérieur plus pâle, la base couverte de poils pourprés.

Staminode presque horizontal, obcordé, portant à l'entaille située à son extrémité une dent émoussée et une corne érigée à sa base qui est poilue sur sa surface externe, le disque et la corne sont de couleur

uniform dark green colour above, and yellowish green below, showing six transparent longitudinal lines extending the whole length of the leaves, thick and coriaceous, with a thick superficial layer of transparent cells in transverse section.

Peduncle longer than the leaves, purple-brown, softly white-hairy, 2 to 3 flowered.

Bracts about 1 in. long, acutely keeled, light green, softly pubescent, ciliate on the edges and keel.

Ovary (including the pedicel), 2 to 2 1/2 in. long, trigonous, not ribbed, brownish-purple, villous with short white hairs, one-celled.

Upper sepal 1 1/2 to 1 3/4 in. long, 1 1/4 to 1 1/2 in. broad, elliptic acute, the sides at the base revolute, the apex arching forwards and broadly channelled, keeled and pubescent on the back, minutely puberulous on the face, edges ciliate, light yellowish green on both sides with rather darker nerves, and stained with purple at the base on the face.

Lower sepal about 1 1/2 in. long, and 3/4 in. broad, oblong, shortly bifid at the apex, with a broad flat channell down the centre, and revolute, wavy, ciliate margins, two-keeled and pubescent on the back, minutely puberulous on the face, pale yellowish green on both sides.

Petals 3 to 3 1/2 in. long, 1/4 in. broad at base 1/2 to 3/4 in. broad at apex, spathulate, with a short blunt point; the basal half softly pubescent outside, minutely puberulous inside, with a very few longer colourless hairs at the base, pale yellowish, marked on the face with some large, scattered, dark purple-brown spots and some smaller and more crowded spots at the base, the larger spots shewing through on the back; apical half glabrous, bright purple on both sides, but not shining, margins ciliate to the apex with short colourless hairs.

Lip 1 1/2 to 1 3/4 in. long, 1 in. broad across the auricles; outside glabrous, shining purple, the narrowly inflexed sides of the claw produced into blunt triangular processes in front, light yellow; inside paler, the basal part covered with purple hairs.

Staminode nearly horizontal, obcordate, with a blunt tooth in the apical notch, and an erect horn at the base which is hairy behind, the disk and horn are purplish and the rest pale yellow, glabrous, with the

CYPRIPEDIUM LOWII. LDL.

purpurescente, le reste est d'un jaune pâle, glabre avec les bords latéraux rendus pubescents par la présence de poils courts de couleur pourpre.

ORIGINAIRE DE BORNÉO

Cette superbe espèce fut en premier lieu importée de Bornéo par M. Low, de Clapton. « Son fils la découvrit croissant sur les hauts arbres dans les fourrés épais et fleurissant en Avril et Mai. » Elle épanouit pour la première fois ses fleurs en Europe dans la collection de M. A. Kenrick, de West Bromwich, dont le sujet servit à M. Lindley pour en faire la description.

Le *C. Lowii* sera toujours considéré comme une des espèces les plus remarquables du genre à cause de son aspect particulier. Le *C. Haynaldianum* est son seul proche allié. Son long pédoncule, qui, dans les sujets forts supporte jusqu'à 7 ou 8 fleurs très espacées, s'élance gracieusement du milieu de la plante, présentant ainsi les fleurs avec tous leurs avantages. Les sépales spatulés et la forme du staminode sont les caractères principaux qui caractérisent les *C. Lowii* et *C. Haynaldianum*, tous deux les possèdent, quoiqu'ils diffèrent dans chaque espèce. Le *C. Lowii* se distingue facilement du *C. Haynaldianum* par l'absence des macules qui, chez cette dernière espèce, sont un des plus beaux ornements du sépale dorsal.

Culture. — Le *C. Lowii* est essentiellement de serre chaude. La place qui lui convient le mieux est un endroit où, tout en tirant d'une lumière assez vive tous les avantages possibles, il ne se trouve pas exposé directement à l'action des rayons solaires. En raison de la nature très charnue et également très fragile de son feuillage, il doit être placé à l'abri de tout frottement. Cette espèce, d'une végétation rapide et vigoureuse, est d'une nature essentiellement épiphyte; elle réclame un compost assez généreux avec un drainage parfait. Ses racines charnues, non seulement demandent des arrosages copieux et fréquents, pendant la période de végétation active, mais, doivent même être, en toute saison, tenues comparativement humides. Quoiqu'elle fleurisse, à l'état naturel, dans les mois de Mars et d'Avril, sa floraison, dans les cultures, s'étend de Février en Juin, car ses fleurs aussi belles que curieuses sont d'une très longue durée.

side margins pubescent with short purple hairs.

BORNÉO

This beautiful species was first imported by Mr. Low, of Clapton, from Borneo, where it was originally « discovered by his son growing upon high trees in thick jungle, and flowering in April and May ». It flowered for the first time in Europa with Mr. Kenrick, of West Bromwich, from whose plant it was described by Dr. Lindley.

C. Lowii will always be held as one of the most choice of the genus on account of its distinct character; having no very nearly allied species except *C. Haynaldianum*. The long, distantly-flowered peduncle, which in strong plants will sometimes bear as many as 7 or 8 flowers, spreads out from the plant in a very graceful manner, so that the handsome flowers are shewn off to great advantage; the spathulate petals and the form of the staminode are the prominent distinguishing characters possessed in common by *C. Lowii* and *C. Haynaldianum*, although differing somewhat in each species, but *C. Lowii* is at once distinguished from *C. Haynaldianum* by the absence of spots on the upper sepal which are so conspicuous a feature in the latter species.

Cultural Notes. — This is a species requiring stove temperature all the year round, and the place best suited to its well being, is one where, whithout being directly exposed to the rays of the sun, it can benefit by the action of a somewhat strong light. On account of the fleshy and brittle nature of its foliage, it should always be placed out of harm's way. It is a vigorous and rapid grower, and being naturally epiphytical, requires a generous compost and a thoroughly good drainage. Its fleshy roots should not only receive abundant waterings during the period of active vegetation, but it must in all seasons be kept comparatively moist. Although flowering in its natural state during the months of March and April, its flowering season in cultivation, extends from February to June, as its flowers, which are as handsome as they are curious, are of very long duration.

CYPRIPEDIUM CAUDATUM, Lindley.

C. caudatum ; « C. sepalis oblongo-lanceolatis acuminatis extus pubescentibus, petalis lanceolatis extus pubescentibus in acumen longissimum caudiforme productis, labelli ore hirsuto. » Lindley, *Genera and Species of Orchidaceous Plants*, p. 531.

« Acaule ; foliis distichis ensiformibus coriaceis glabris immaculatis scapo stricto pluri-floro brevioribus, bracteis spathaceis ovarii longitudine,* sepalis ovato lanceolatis arcuatis, petalis in caudas longissimas pendulas flexuosas lineares productis, labello oblongo margine versus basin glanduloso-serrato, stamine sterili transverso bilobo apicibus setosis. » Lindley and Paxton's *Flower Garden*, vol. I, p. 37, pl. 9, et p. 40, woodcut as to flowers only.

Flore des Serres, 1850, vol. VI, p. 99, t. 566 ; *Revue Horticole*, 1857, p. 317-318, f. 111 ; 1883, p. 351, f. 61, et p. 353 ; et 1885, p. 472, f. 84 ; Puydt, *Orchidées*, p. 189, f. 191, et p. 259, pl. 10 ; *Gartenflora*, 1870, vol. XIX, p. 257, t. 661 ; et 1884, vol. XXXIII, p. 338-339, with fig. ; Hooker, *Icones Plantarum*, 1854, vol. VII, t. 658-659 ; *Gardeners' Chronicle*, 1875, vol. III, p. 210-211, f. 40 ; 1885, vol. XXIII, p. 472, f. 83 C. (fruit) ; Warner, *Select Orchidaceous Plants*, series 2, pl. 1.

C. caudatum, var. roseum, Delchevalerie in *Revue Horticole*, 1867, p. 133.
C. caudatum, var. Warscewiczi, *Orchidophile*, 1887, p. 337.
C. Humboldteum, Rafarin in *Revue Horticole*, 1875, p. 110.
C. Humboldti, Warscewiez, fide Reichenbach fil., in *Botanische Zeitung*, 1852, p. 60 ; *Xenia*, vol. I, p. 3.
C. Warscewiezeum, Rafarin, in *Revue Horticole* 1875, p. 110.
C. Warscewiczianum, Reichenbach fil. in *Botanische Zeitung*, 1852, p. 692.
Selenipedium caudatum, Reichenbach fil. in *Bonplandia*, 1854, p. 116 ; *Xenia*, vol. I, p. 3 ; Reichenbach fil. *Beitrage zur Orch.*, p. 3, f. 1 and 2 ; *Gardeners' Chronicle*, 1886, vol. XXVI, p. 269, f. 54 (abnormal) ; *Pescatorea*, vol. I, t. 24.
S. caudatum, var. giganteum, Carrière in *Revue Horticole*, 1884, p. 367 ; *Lindenia*, vol. II, p. 99, pl. 96.
S. caudatum, var. roseum, Linden, in *Illustration Horticole*, 1886, vol. XXXIII, p. 77, pl. 596.
S. Warscewiczianum, Reichenbach fil., in *Bonplandia*, 1854, p. 116 ; *Xenia*, vol. I, p. 3.

Feuilles au nombre d'environ six sur chaque tige, érigées-étalées, longues de 0^m,25 à 0^m,38, larges de 0^m,032 à 0^m,040, ligulées, aiguës et garnies de trois petites dents à leur extrémité, glabres, d'une teinte vert clair uniforme en dessus, plus pâle en dessous, de nature coriace, et montrant une couche superficielle de cellules disposées en une section transversale et formant presque la moitié de l'épaisseur de la feuille.

Pédoncule robuste variant de 0^m,30 à 0^m,50 de hauteur, légèrement comprimé, velouté pubescent, d'un vert clair et portant de une à quatre fleurs.

Bractée longue de 0^m,045 à 0^m,065, brièvement tubulaire à sa base, obtuse, carénée le long de sa surface externe, glabre et de couleur vert clair.

Ovaire (y compris le pédicelle), long de 0^m,15 à 0^m,22 et d'une épaisseur d'environ 0^m,006, térète, velouté pubescent, de couleur vert clair, tricellulaire.

Sépale dorsal long de 0^m,15 à 0^m,18 sur 0^m,025 de largeur, lancéolé, se terminant en une pointe canne-lée, émoussée, bords ondulés et plus ou moins recourbés vers leur moitié inférieure, velouté pubescent sur sa face externe, glabre, à part quelques poils microscopiques

Leaves 6 to a shoot, ascending-spreading, 10 to 15 in. long, 1 1/4 to 1 1/2 in. broad, strap-shaped, acute with three minute teeth at the apex, glabrous, uniform light green, paler beneath ; coriaceous, with a superficial layer of transparent cells in transverse section nearly half the thickness of the leaf.

Peduncle stout, 12 to 20 in. long, slightly compress-ed, velvetty pubescent, light green, 1 to 4 flowered.

Bracts 1 3/4 to 2 1/2 in. long, shortly tubular at the base, obtuse, keeled down the back, glabrous, light green.

Ovary (including the pedicel), 6 to 9 in. long, about 1/4 in. thick, terete, velvetty pubescent, light green, three-celled.

Upper sepal 6 to 7 in. long, 1 in. broad, lanceolate, attenuate to a channelled blunt point, margins undulate and more or less recurved at the lower half, velvetty pubescent on the back, glabrous with a few scattered microscopic hairs on the face, the basal half is whitish

---

* Ce sont les bractées de C. Hartwegii qui sont décrites dans ce diagnostic par erreur.

* It is the bracts of C. Hartwegii that are here described by an error.

sur sa face interne ; la moitié inférieure est blanchâtre veinée de vert jaunâtre clair, et la moitié supérieure d'un jaune verdâtre clair se fondant en un jaune brunâtre pâle.

Sépale inférieur de forme semblable au sépale supérieur dont il partage également le coloris et la surface, mais un peu moins long et plus large à sa base concave.

Pétales penduleux longs de 0ᵐ,45 à 0ᵐ,80, larges de 0ᵐ,012 à la base, se terminant en de longs corps rubanés, linéaires tortillés ; partie basilaire jaunâtre ornée de nervures plus foncées et d'une touffe de poils pourprés ; partie rubanée d'un pourpre terne, velue de chaque côté et montrant sur la surface interne quelques poils plus longs disposés çà et là parmi la pubescence plus courte, nervure centrale très prononcée.

Labelle long de 0ᵐ,050 à 0ᵐ,065, large d'environ 0ᵐ,025, glabre en dehors, le sabot généralement d'un pourpre brunâtre avec une auréole vert bronzé située à l'orifice, quelquefois pâle ou légèrement teinté de rose ; la partie inférieure est blanchâtre maculé de pourpre ; les bords sont fortement et brusquement recourbés, se rencontrant à la base où ils s'unissent, blanc d'ivoire et garnis d'une marge veloutée pubescente, d'un brun jaunâtre foncé et à l'intérieur de laquelle on remarque à la base des macules pourpre noirâtre ; cette partie est fréquemment maculée de pourpre sur son devant. L'intérieur est poilu à la base, pubescent vers l'auréole centrale, blanchâtre maculé de pourpre.

Staminode pourvu d'auricules latérales concaves s'étendant horizontalement ; son extrémité, brusquement défléchie, est aiguë, triangulaire, d'un brun pourpré, luisant ; le disque concave est jaunâtre, les auricules sont garnies de longs poils d'un brun pourpré foncé et l'auréole centrale, située au-dessus et en dessous, est finement pubéruleuse.

with light greenish-yellow veins, and the apical half light greenish-yellow, fading to pale brownish-yellow.

Lower sepal very similar to the upper one in form, surface, and colour, but a little shorter, and broader at the concave base.

Petals pendulous, 18 to 32 in. long, 1/2 in. broad at the base tapering into long, linear, twisted tails ; basal part yellowish with darker nerves, and a sparse basal tuft of pale purple hairs ; tails dull purple, downy on both sides with some longer hairs on the inner face mingled with the shorter pubescence, the central nerve prominent.

Lip 2 to 2 1/2 in. long, about 1 in. broad, outside glabrous, the toe part usually brownish-purple with a bronzy-green area bordering the mouth, sometimes pallid, or with a rosy-purple tint, the under part whitish dotted with purple, the margin is broadly and abruptly inflexed all round, meeting and shortly united at the base, ivory-white, with a deep yellow-brown, velvetty-pubescent border, inside which at the base, are some crowded blackish-purple spots, and towards the front is frequently but not always dotted with purple. The inside is hairy at the base and pubescent down the central area, whitish dotted with purple.

Staminode with horizontally-spreading concave side auricles, and an abruptly deflexed, acute, triangular apex, shining purple-brown, with the convex disc yellowish, the auricles are ciliate with long dark purple-brown hairs, and the central area above and beneath is minutely puberulous.

ORIGINAIRE DES ANDES DU PÉROU ET DE LA NOUVELLE-GRENADE

Cette plante, aussi belle qu'étrange, est une espèce des plus remarquables de ce beau genre. Peu de plantes sauraient, autant que celle-ci, captiver l'attention des personnes peu compétentes, avec ses fleurs aux pétales terminés en longs rubans. Quelle singulière impression sa découverte a dû produire sur le voyageur qui eut la bonne fortune d'en faire la trouvaille !... Un spécimen bien cultivé de cette espèce, comme on les rencontre quelquefois, avec 6 ou 7 tiges florales, portant un ensemble de 20 à 25 fleurs, aux pétales rubanés gracieusement penduleux, forme le spectacle, peut-être le plus frappant qu'on puisse trouver parmi toute la famille des Orchidées.

Le *C. caudatum* fut en premier lieu décrit par Lindley, d'après une fleur sèche, défectueuse, provenant de l'herbier de Ruiz et Pavon, et son introduction dans les cultures par William Lobb, date de 1849 ou 1850. La première floraison, en Angleterre, eut lieu en Mars 1850 dans la collection alors célèbre de Mrs. Lawrence ; c'est d'après cette plante que fut peinte la planche qui se trouve dans Lindley et Paxton's *Flower Garden* (reproduite dans la *Flore des Serres*). La planche noire qui l'accompagne est incorrecte car tout, sauf les fleurs, appartient au *C. Hartwegii*.

Lindley remarque que Hartweg découvrit cette espèce

ANDES OF PERU AND NEW-GRENADA

This handsome and singular species is one of the most remarkable of the whole genus, and few plants would be more likely to arrest the attention of the unfamiliar eye than this, with its quaint looking long-tailed flowers. How great must have been the delight and wonder of the first discoverer of *C. caudatum* ! A well grown clump of this species, such as one occasionally sees, with 6 or 7 flower stems, bearing 20 to 25 flowers, with their graceful long-tailed petals full grown, presents one of the most striking appearances perhaps that can be found among Orchids.

C. caudatum was originally described by Lindley from an imperfect dried flower from an herbarium of Ruiz and Pavon, and was first introduced into cultivation by William Lobb about 1849 or 1850, having first flowered in England in the collection of Mrs. Lawrence, in March of 1850, from whose plant the plate in Lindley and Paxton's *Flower Garden* (copied in *Flore des Serres*), was made. The woodcut accompanying this plate is incorrect as all but the flowers belong to *C. Hartwegii*.

Lindley states that Hartweg met with this species « in

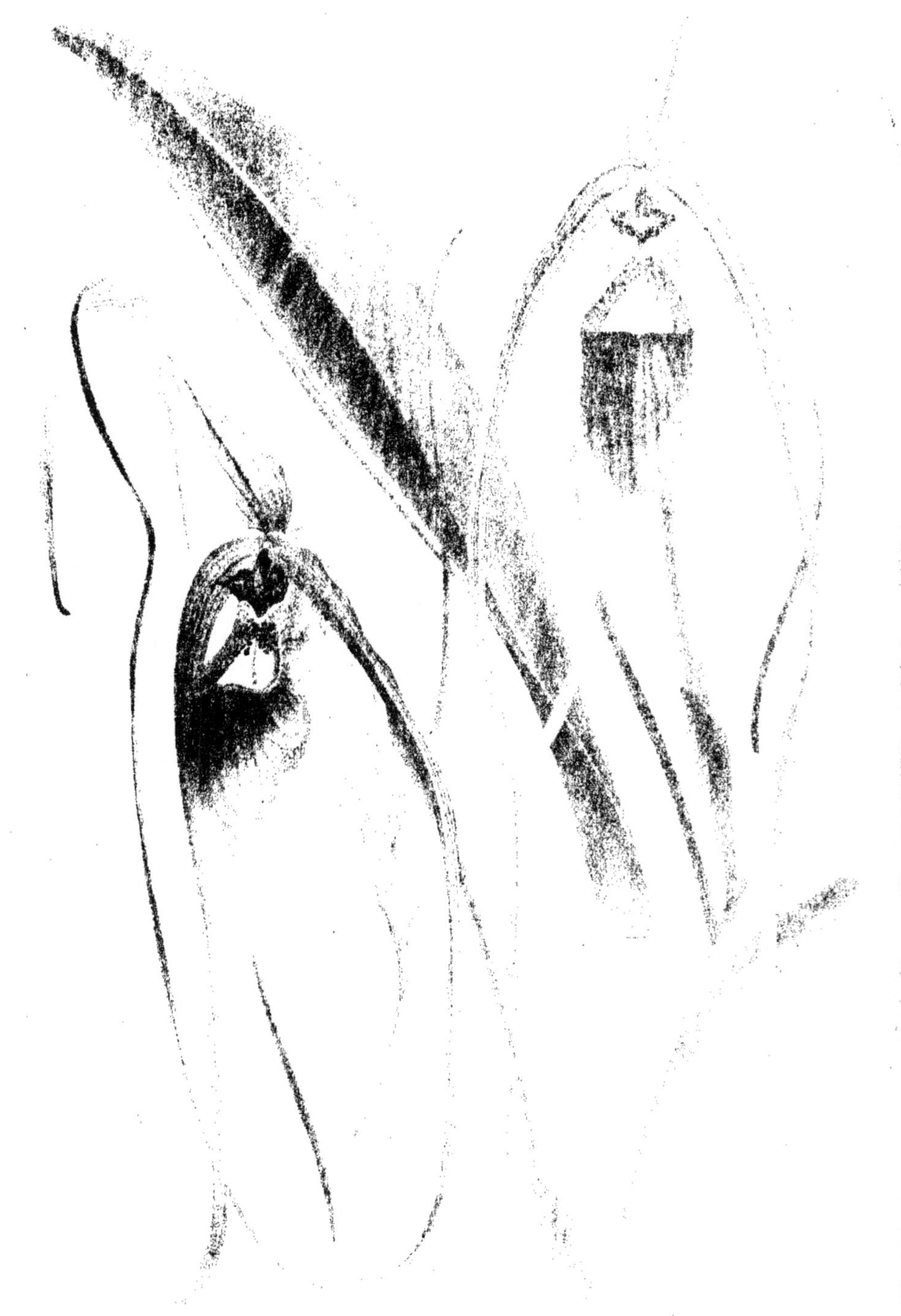

CYPRIPEDIUM CAUDATUM. LDL.

« dans des endroits marécageux, humides, près du village de Nanegal, dans la province de Quito » ; mais ceci est une erreur car le spécimen étiqueté *C. caudatum* dans l'herbier de Lindley, découvert par Hartweg dans cette localité est le *C. Hartwegii* et c'est évidemment d'après le spécimen d'Hartweg que Lindley a fait la figure erronée dont il est parlé plus haut. On la considère généralement comme une orchidée terrestre. M. R. Pfau, dans le *Gardeners' Chronicle* de 1883, vol. XX, p. 722, rectifie cette assertion, ajoutant que, « à l'état naturel, elle croît exclusivement au sommet des arbres les plus élevés, de 20 à 30 mètres et même plus au-dessus du sol. Il s'ensuit que ce Cypripède devrait être traité comme toutes les autres espèces épiphytes dans un mélange de terre de bruyère, de sphagnum et de charbon de bois. Le *C. caudatum* se rencontre dans les vallées profondes qui se trouvent entre plusieurs des chaînes élevées des Cordillières et où l'atmosphère est constamment humide. Cette espèce réclame donc un traitement humide aux racines pendant toute l'année, quoique la localité d'où elle est originaire soit encore du côté du Pacifique, où règne une saison de sécheresse qui s'étend de Décembre à Avril. Quant à la température qui lui est nécessaire, si l'on considère que cette plante croît naturellement à une altitude de 1,500 mètres, on en pourra déduire que le traitement en serre tempérée est celui qui lui convient le mieux ».

Le *C. caudatum* en compagnie de quelques autres espèces américaines, a été séparé des autres par le professeur Reichenbach en raison du caractère tri-cellulaire de son ovaire et érigé en un genre spécial sous le nom de Selenipedium. Ce nom, comme distinction générique, a été depuis abandonné par son auteur. Sous tous les autres rapports, les plantes sont semblables aux Cypripèdes, aussi nous paraît-il plus rationnel de considérer le caractère ovarien comme n'ayant qu'une valeur sectionelle, et de regarder le tout comme appartenant à un genre très naturel ; telle est la marche que nous entendons suivre dans cet ouvrage. Il est très intéressant à noter, néanmoins, que cette remarquable plante se trouve représentée, dans la région asiatique, du moins quant au caractère qui se rattache à ses longs pétales rubanés, par le superbe *C. Sanderianum* qui, en commun avec toutes les autres espèces connues provenant des Indes orientales, est pourvu d'un ovaire unicellulaire.

La rapidité extraordinaire avec laquelle les organes atteignent leur développement complet est un fait curieux, commun à toutes les espèces à longs pétales rubanés. Au moment où la fleur de *C. caudatum* s'épanouit, les pétales n'ont guère plus de 0^m,08 à 0^m,10 de longueur, mais dans le courant de quelques jours ils atteignent 0^m,45 à 0^m,80 suivant la force des sujets. (Voir Lindley and Paxton's *Flower Garden*, I, p. 38, et *Revue Horticole*, 1867, p. 279.)

Les variétés *longissimum*, *giganteum* et *splendens* sont autant de formes différant de l'espèce typique par la couleur ou les dimensions de leurs fleurs. Leur constance n'a rien de bien certain, ces différences ne sont probablement dues qu'aux différentes conditions de culture. La variété *roseum* parait être la plus distincte, son labelle étant lavé de pourpre rosé, et les pétales d'une couleur pourpre rosé plus prononcée que chez l'espèce type. Quelquefois aussi le labelle est de couleur pâle et les macules pourprées sur le devant des bords défléchis de l'orifice qui, chez certaines formes, sont des marques distinctives ne se font remarquer que par leur absence comme dans la plante qui a servi pour notre illustration.

wet, marshy places, near the hamlet of Nanegal, in the province of Quito ». But this is an error, as the specimen named *C. caudatum*, in Lindley's herbarium, collected by Hartweg in this locality, is *C. Hartwegii*, and it was evidently from this specimen of Hartweg's that Lindley made the erroneous woodcut above mentioned. It is generally spoken of as a terrestrial Orchid, but Mr. R. Pfau in the *Gardeners' Chronicle*, 1883, vol. XX, p. 722, contradicts this, and states that in its natural habitat « it grows exclusively on the top of the highest trees, at 60 to 100 ft. and more above the earth! Therefore this Cypripedium should be grown as every other epiphyte should be in peat, with charcoal and sphagnum. They are to be found in the deep valleys between the several high chains of the Cordilleras, where the atmosphere is always very damp; therefore they want all the year round a good deal of moisture to the roots, although their locality is still on the Pacific side and has a dry season of five months from December to April. As to temperature, considering that in its native place it grows at an altitude of 5,000 ft., a cool treatment is the most natural ».

C. caudatum together with some other American species were separated as a distinct genus by Reichenbach under the name of Selenipedium, on account of the ovary being three-celled. But as this name has been abandoned by its author for generic distinction, and in all other respects the plants are the same as in Cypripedium, it appears more rational to consider the ovarian character as of sectional value only, regarding the whole as constituting one very natural genus, which will be the view taken in this work. It is very interesting to note however, that this remarkable plant is represented, so far as the long-tailed petals are concerned, by the beautiful East Indian *C. Sanderianum*, which has, in common with all the other known East Indian species, an unicellular ovary.

One interesting feature possessed in common by these long-petalled species, is the rapidity with which the petals attain their full length, when the flower of *C. caudatum* first opens they are but 3 to 4 inches long (3/4 inch according to Lindley), but in the course of a few days they have grown to their full length of from 18 to 32 inches as the strength of the plant permits. (See Lindley and Paxton's *Flower Garden*, I, p. 38, and *Revue Horticole*, 1867, p. 279.)

Occasional variations in colour or in the size of the flowers, have been considered by gardeners as distinct varieties; such as the varieties *giganteum*, *longissimum*, and *splendens*, but it is doubtful if they are constant, and are probably the result of some different conditions of cultivation. But the variety *roseum* seems to have a better claim to distinction, the lip being tinted with rosy-purple, and the petals of a more rosy-purple colour than in the type. Sometimes the lip is pallid in colour, and sometimes the purple dots towards the front part of the inflexed sides of the mouth are wanting as in the plant from which our plate was made.

Les *Cypripedium caudatum* varient suivant la localité où ils se rencontrent. Il y a dans les cultures cinq formes distinctes de *C. caudatum* : le *C. caudatum* du Pérou, aux feuilles dressées, longues, recourbées à leur extrémité, aux fleurs peu colorées et pétales très développés.

Le *C. caudatum*, var. *Wallisii*, aux fleurs d'un blanc jaunâtre, intérieur du sabot blanc pur, lobes dépourvus de macules, aux feuilles dressées, distiques, assez étroites, d'un vert pâle.

Le *C. caudatum* du Luxembourg, une des formes les plus remarquables, au feuillage étroit, distique, coriace, dressé, solide, faisant ressembler la plante à un jeune *Vanda cærulescens*. (Origine inconnue ?)

Le *C. caudatum*, var. *roseum*, forme très délicate, au feuillage très étroit, très comprimé à la base, vert jaunâtre. Nous ne connaissons pas la fleur de cette forme qui, chez nous, est rebelle à la culture.

Enfin la plante que nous figurons, qui est la forme du Chiriqui, d'où elle a été envoyée par M. Pfau. Elle est souvent appelée dans les collections, *C. caudatum Warscewiczii*. C'est une plante au feuillage trapu, vert foncé, robuste, aux fleurs bronzées, aux sépales relativement courts, assurément la plus belle forme dans les cultures. Mais il ne faut pas la confondre avec la forme décrite par Reichenbach, sous le nom de **C. Warscewiczianum** qui est la variété à fleurs pâles figurée dans Lindley et Paxton's *Flower Garden*. vol. 1, pl. 12.

Pour la culture de ces plantes, nous ne pouvons mieux faire que de suivre les conseils présentés plus haut par M. Pfau, en ajoutant que depuis plusieurs années, chez nous comme chez M. A. Bleu et dans d'autres collections, elles croissent admirablement, soumises à un traitement tempéré et placées dans une position au nord dans la partie la plus froide de la serre aux Cypripèdes, et en compagnie des *C. Chantini, villosum, Boxallii*, etc.

Quoique les inflorescences se montrent dès le commencement de l'année, les fleurs ne s'épanouissent guère qu'en Avril ou Mai et sont produites en succession jusqu'en Juillet-Août.

The *Cypripedium caudatum* varies according to the locality in which it grows. There are five distinct forms of *C. caudatum* in cultivation: that from Peru has long, erect leaves, with curved extremities ; the flowers are pale coloured and the petals well developed.

C. caudatum, var. *Wallisii* has pale yellow flowers with the interior of the pouch pure white, and the inflexed sides spotless ; leaves erect, distichous, rather narrow and of a pale green colour.

The *C. caudatum* of the Luxembourg Gardens ; one of the most remarkable forms, with very narrow distichous, erect, coriaceous leaves, giving the plant the appearance of a young *Vanda cœrulescens*. (Origin unknown ?)

C. caudatum, var. *roseum*, a very delicate form, with very narrow leaves, much compressed at the base, of a yellowish green colour. The flower of this form (in the cultivation of which we fail), is unknown to us except by the figure quoted.

Lastly the plant which we illustrate here, and which is the form from Chiriqui, from whence it was sent by Mr. Pfau, and which is frequently called *C. caudatum* var. *Warscewiczii* in gardens. It is a plant with close foliage of a dark green colour, of robust growth, and with bronzy flowers, whose sepals are comparatively short ; undoubtedly the finest form in cultivation. But it should not be confused with the form Reichenbach described as *C. Warscewiczianum*, as that is the pale flowered form figured in Lindley and Paxton's *Flower Garden*, vol. I, pl. 9

As to the culture of these plants, we cannot do better than to refer to the excellent advice tendered as above by Mr. Pfau, adding that for several years they have admirably succeeded in our houses, as well as in Mr. A. Bleu's and other collections, where they are submitted to a cool treatment, and placed in a north position in the coolest part of the house devoted to Cypripediums, and in company with such kinds as *C. Chantini, villosum, Boxallii*, etc.

Although the flower spikes make their appearance at the begining of the year the flowers do not generally open until April or May and are produced in succession during July and August.

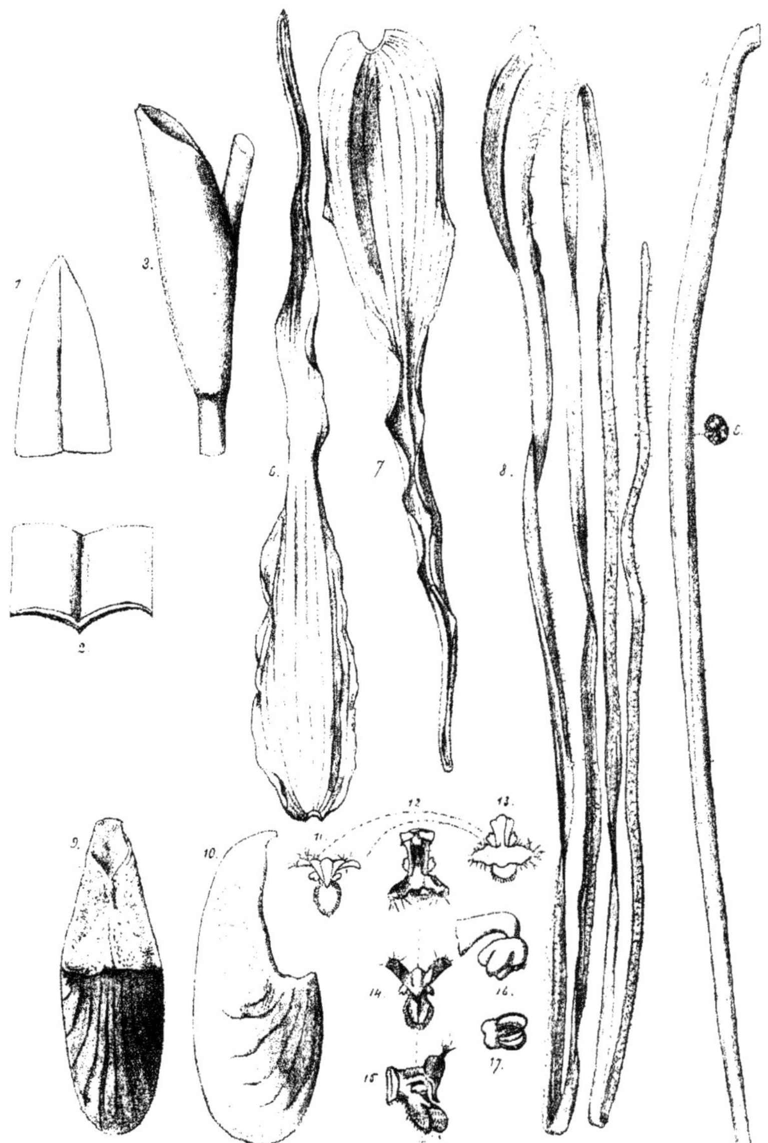

Peint par Mlle J. Koch dans les serres de M. Godefroy-Lebeuf, à Argenteuil.

Drawn at Mr. Godefroy-Lebeuf's, Argenteuil, by Miss J. Koch.

EXPLICATION DES FIGURES ANALYTIQUES
1, Extrémité de feuille. — 2, Section de feuille. — 3, Bractée. — 4, Ovaire. — 5, Section de l'ovaire. — 6, Sépale dorsal. — 7, Sépale inférieur. — 8, Pétale. — 9 et 10, Labelle vu de face et de côté. — 11 à 15, Colonne, staminode, etc., vues diverses. — 16, Étamine. — 17, Anthère, vue du dessous. — 1 à 15, Figures de grandeur naturelle. — 16 et 17, Figures grossies.

EXPLANATION OF THE ANALYSES
1, Apex of leaf. — 2, Section of leaf. — 3, Bract. — 4, Ovary. — 5, Section of ovary. — 6, Upper sepal. — 7, Lower sepal. — 8, Petal. — 9 and 10, Front and side views of the lip. — 11 to 15, Different views of the column, staminode, etc. — 16, Stamen. — 17, Anther seen from beneath. — Figs. 1 to 15, natural size. — 16 and 17, magnified.